今すぐ使える
かんたんbiz

ChatGPT
ビジネス活用

大全

著
リンクアップ

監修
STORIA法律事務所

技術評論社

本書の使い方

セクションごとに機能を解説しています。

セクション名は具体的な作業を示しています。

操作内容の見出しです。

078

表にするデータを調べて作ってもらう

データ収集と表作成を依頼する

ChatGPTには、かんたんなデータの収集と、そのまとめを依頼することができます。以下は、「47都道府県の県名と県庁所在地」を表にまとめてもらった結果です。このほかにも、「元素記号と元素名」などのように、基礎的なデータであれば、ChatGPTに聞くだけですばやく表にしてもらうことが可能です。

ただし、ChatGPTの回答には、誤った情報が混ざっていることもあるので注意しましょう。たとえば、以下の例では埼玉県の県庁所在地を「埼玉市」(正しくはさいたま市)と答えています。

47都道府県の県名と県庁所在地を調べて、表にまとめてください。

以下に、日本の47都道府県の県名と県庁所在地を表にまとめました。

県名	県庁所在地
北海道	札幌市
群馬県	前橋市
埼玉県	埼玉市
千葉県	千葉市

誤った回答が表示される場合もあります。

第7章 Excelでの活用

COLUMN

統計データの調査は不得意

ChatGPTは、2021年9月までの情報を保有しており、理論上ではそれ以前に発表されたデータを回答できることになっています。しかし、統計データなどは年代を指定しても調査に失敗することがあります。たとえば、「2015年の大学センター試験の平均点を各科目ごとにまとめて表にしてください。」と質問すると、「申し訳ありませんが、私の知識は2021年9月までの情報しか持っていませんので、2015年の大学センター試験の平均点を科目ごとに正確に提供することはできません。(以下略)」と回答されました。しかし、続けて「2015年ですよ？」と質問すると、回答を得ることができました。

113

重要な補足説明を解説しています。

ChatGPTに質問する内容です。

026 紹介記事を書いてもらう

紹介したいものや場所、イベントなどを指定する

ChatGPTに、紹介したいものや場所、イベントなどの情報を指定することで紹介記事の作成もあっという間にできます。どのようなポイントに注目して紹介したいのかを入力すると、より自分のイメージに近い紹介記事の文章が生成してもらうことが可能です。

しかし、ChatGPTに作成してもらった文章は、過去のデータに基づいて作られているため、そのまま記事として使うには記事のオリジナリティに欠ける恐れがあります。ChatGPTに作成してもらった記事はベースとしつつ、実際の体験談や個人の視点などを盛り込むとよいでしょう。また、誤った情報が混ざっていないかのチェックも必要です。

旭山動物園をおすすめの観光スポットとして紹介する記事を作成してください。

タイトル：旭山動物園：自然と動物の魅力が融合する究極の観光スポット

イントロダクション：
旭山動物園は、北海道に位置する日本屈指の動物園です。美しい自然環境と多種多様な動物たちが共存し、訪れる人々に驚きと感動を与えてくれます。この記事では、旭山動物園の魅力や特徴を紹介し、なぜ多くの人々がこの場所を訪れるべきなのかをご説明します。

1. 自然との共生：
旭山動物園は、自然との調和が重視された設計がなされています。広々とした敷地には、四季折々の美しい風景が広がり、訪れる人々に癒しを提供してくれます。園内には木々や花々が豊かに植えられ、動物たちの生息地を再現しています。自然の中で動物たちが自然な行動をとる様子を見ることができるため、訪れる人々は自然とのつながりを感じることができます。

2. 多種多様な動物たち：
旭山動物園では、約200種以上の動物たちを飼育しています。国内外から様々な動物が集まっており、その種類の豊富さは見るものを飽きさせません。

記事のタイトルやイントロダクション、小見出しも作成してくれます。

52

ChatGPTから回答される内容です。

回答の補足や別の質問方法などを紹介しています。

目次

第1章 ChatGPTの基本的な使い方

第2章 より正確な回答を得るためのテクニック

第3章 ビジネス文書の作成

第4章 ビジネス文書の編集

第5章 アイデア出しでの活用

第6章 マーケティングでの活用

第7章 Excelでの活用

第8章 プログラミングでの活用

第9章 さまざまなAIサービスの活用と連携

第10章 AI利用のリスクと注意事項

ご注意 ご購入・ご利用の前に必ずお読みください

本書に記載された内容は、情報の提供のみを目的としています。したがって、本書を用いた運用は、必ずお客様自身の責任と判断によって行ってください。これらの情報の運用の結果について、技術評論社および著者・監修者はいかなる責任も負いません。

■ソフトウェアおよびサービスに関する記述は、特に断りのない限り、2023年8月現在での最新バージョンをもとにしています。ソフトウェアおよびサービスはバージョンアップされる場合があり、本書での説明とは機能内容や画面図などが異なってしまうこともあり得ます。あらかじめご了承ください。

■本書は、Windows 11のMicrosoft EdgeでChatGPTの無料版（GPT-3.5）を使用して解説を行っています。また、Excelの画面はMicrosoft 365のExcelで解説を行っています。これ以外のバージョンでは、画面や操作手順が異なる場合があります。

■本書で紹介しているChatGPT等の回答はあくまでも一例で、同じ質問をしても回答が本書とは異なる場合があります。また、回答内容が必ずしも正しくない場合もあります。

■インターネットの情報については、URLや画面などが変更されている可能性があります。ご注意ください。

以上の注意事項をご承諾いただいた上で、本書をご利用願います。これらの注意事項をお読みいただかずに、お問い合わせいただいても、技術評論社は対応しかねます。あらかじめご承知おきください。

第1章

ChatGPTの基本的な使い方

001

ChatGPTとは

対話型の文章生成AIサービス

「ChatGPT」は、アメリカのAI開発企業OpenAIが提供する、AIと対話をすることで文章生成などができるサービスです。GPTは「Generative Pre-trained Transformer」の略であり、トランスフォーマーと呼ばれる機械学習技術をもとに設計されています。2022年11月からサービスが開始され、その優れた性能によりわずか5日後には全世界で100万人のユーザーを獲得し、さらに2か月後には1億人の月間アクティブユーザーを獲得しました。

ChatGPTは大量のテキストデータを学習した言語モデルにより、人間が日常的に使用する自然言語の理解や生成ができます。対話はLINEのようにチャット形式で行われ、AIであることが一見してわからないほど人間に近い応答が生成されます。また、単純な会話だけでなく、文章やプログラムの生成、要約、他言語翻訳など、さまざまなタスクにも活用することができます。

なお、2023年8月の時点で、ChatGPTには無料版と有料版(ChatGPT Plus)の2つのバージョンがあります。どちらのバージョンも「GPT-3.5」という言語モデルがベースとなっており(有料版ではGPT-4が先行利用可能)、その学習には2021年9月までの情報が反映されています。

OpenAI「ChatGPT」(https://openai.com/blog/chatgpt)

大量のデータを学習した言語モデルを採用

ChatGPTは、OpenAIがインターネット上のさまざまな情報源から収集したデータを使って学習した大規模言語モデル(LLM：Large Language Model)「GPT-3.5」をベースとして採用しています。GPT-3.5は、Wikipediaやニュース記事などのWebページ、書籍、会話データ、論文などの大量のデータを学習しているため、ChatGPTは豊富な知識を蓄え、言語や文脈の理解を深め、自然な文章や応答を生成することができるようになります。

なお、この言語モデルの開発は、トランスフォーマーをベースに「事前学習」と「ファインチューニング」という2つのステップで行われています。事前学習では、大量のデータを使用してモデルが基本的な言語理解を学び、文法や文脈、意味などのパターンを把握して、言語の特徴を獲得します。その後、ファインチューニングと呼ばれる段階では、特定のタスクや分野・領域に合わせてより正確な応答を生成できるようにモデルを微調整します。これにより、ChatGPTは広範なトピックに対応することができるようになります。

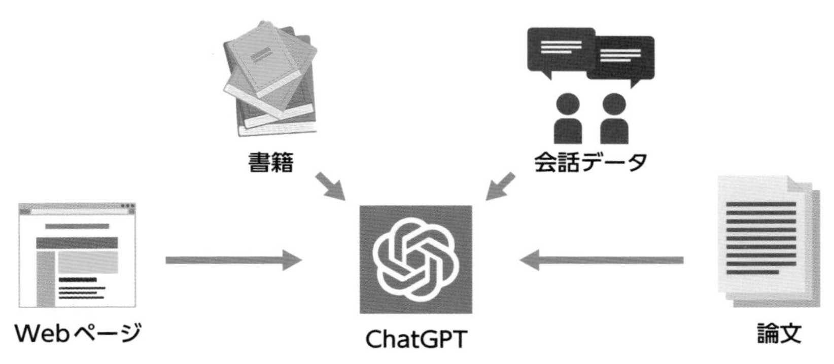

COLUMN

GPTのバージョン推移

2018年、GPTシリーズの第1世代となるGPTが発表され、その後、2019年にGPT-2、2020年にGPT-3、そして2022年にGPT-3.5が発表されました。各バージョンの更新に伴い、事前学習に使用されるデータ量が増え、その結果、モデルの設定であるパラメーターの数も増加してきました。GPT-3.5は、先行するGPT-3よりもさらに大規模なモデルであり、およそ3,550億個(推定)のパラメーターを持っています。これにより、より複雑な文章の生成や多様なタスクへの対応が可能になりました。

002 ChatGPTでできることとできないことを知る

ChatGPTでできること

ChatGPTは優れた言語モデルによって、これまでのAIでは実現できなかったタスクを人間のような自然なテキストによってこなすことができます。ユーザーは、「プロンプト」と呼ばれる質問や指示をテキストで入力することで、ChatGPTに指令を与えます。指令を受けたChatGPTは、学習した膨大なデータの中から回答にふさわしい内容を確率的に予測し、それらをつなげて出力します。たとえば以下のようなことをすることができます。

日常会話

人間と同じように会話ができます。たとえば「明日から熱海に旅行に行きます。楽しみ！」と入力すると、「それは素晴らしいですね！熱海は美しい海岸線や温泉、観光スポットがたくさんありますので、きっと楽しい旅行になるでしょう」と返ってきます。

一般的な質問の回答

歴史、科学、文化、スポーツなどの一般的な知識に関する質問すると、回答してくれます。ただし、間違った情報が返ってくることもあるため、回答は正確かどうか確認する習慣を付けましょう。

文章の生成･処理

文章の生成、リライト、要約、校正、他言語への翻訳などができます。

アイデア出し

商品企画、イベントの内容、小説や料理レシピなどのアイデア出しを手伝ってもらうことができます。考えもしない独創的なアイデアを提案されたら、さらに深堀りしていくとよいでしょう。

ほかにもプログラミング、Excel関数を使った表の作成、かんたんな計算などを行うことができます。

ChatGPTでできないこと

さまざまなプロンプトに応えることができるChatGPTですが、できないこともいくつかあります。できないことの多くは、主に「言語モデルの範囲外のこと」です。

最新の情報

言語モデルのGPT-3.5が学習を完了した2021年9月よりあとに起こった出来事や販売された商品などの情報については、回答できません。まれに回答されることがありますが、誤った情報が出力されます。

専門的な情報

医学用語や法律用語などを含む専門的な学術に関する情報などある特定分野の具体的な情報については、回答がされないか、専門外であることの留保がついた回答となります。

複雑な計算

GPTシリーズは、いかに自然に文章の生成が行えるかをメインテーマとして学習しており、複雑な計算はこなすことができません。3桁の四則演算ですら誤った回答をもっともらしく出力します。

ほかにも未来の予測、固有名詞を用いてパーソナライズされた情報、ローカル過ぎる情報などについては、対応することができません。あくまでも「前の単語に確率的に引き続く可能性が高い単語を予測して出力する」という大前提を踏まえて利用しましょう。

COLUMN

GPT-4では改善されたものの…

2023年3月にGPT-3.5の後継となる言語モデルGPT-4が公開され、ChatGPTの有料版「ChatGPT Plus」で先行利用できるようになりました。GPT-4はGPT-3.5よりも学習データ量やパラメーター数が倍増し、回答の精度が大きく向上しています。アメリカでは模擬司法試験の問題を解かせるテストを行い、GPT-3.5では下位の10%ほどの点数でしたが、GPT-4では上位10%に入る点数を取るなど、驚異的に進化しているようです。さらにGPT-4は、画像認識も実装され、入力した画像について認識し、それを説明する文章を生成することが可能になりました。
GPT-3.5と比べて格段に優れたGPT-4ですが、取り扱われている情報は、依然2021年9月までのデータなため、最新情報を収集するといった使い方はできません。どうしてもChatGPTで最新情報を収集したい場合は、ChatGPT Plusで利用できるプラグインの1つ、Webブラウジング機能を利用すると、リアルタイムのインターネット上のデータが回答に含まれるようになります。

003 ChatGPTを使う際の注意点を確認する

機密情報や個人情報は入力しない

ChatGPTにプロンプトを入力する際、会社の顧客情報や経営状況、未公開プロジェクトに関する情報といった外部に漏らしてはいけない「機密情報」や、自分／他人にかかわらず氏名や生年月日、メールアドレスといった記述によって特定の個人を識別できる情報である「個人情報」は、含めないようにしましょう。

ChatGPTに入力した内容は、サービスの開発および改善のために、学習データとして利用することがあるとの旨が同社の利用規約「Terms of use」にはあります（2023年8月時点）。

すでに海外ではアメリカの大手ECサイトで内部プログラムコードに似たデータの出力を同社の弁護士チームが確認し、また、韓国の総合電子機器メーカーでもChatGPTに入力したプログラムのソースコードが流出した事例が確認されたとの報道がされました。

機密情報や個人情報をビジネス用途で入力する必要がある場合は、学習データとしての利用をオフにする設定をしたり（P.30参照）、API経由でほかのアプリやサービスからChatGPTを利用することなどが考えられます。

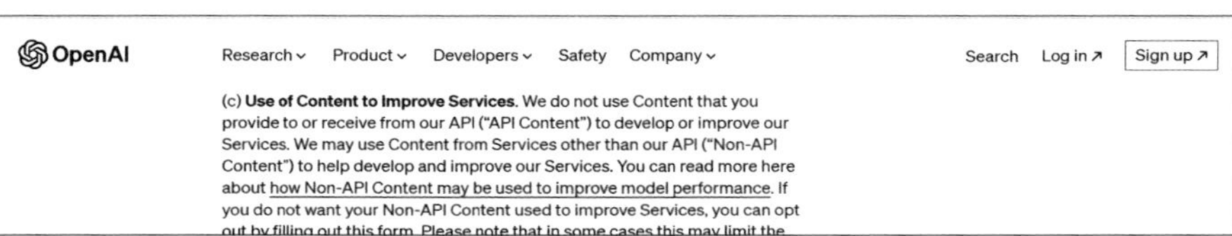

OpenAI「Terms of use」(https://openai.com/policies/terms-of-use)
利用規約には、「We may use Content from Services other than our API（“Non-API Content”）to help develop and improve our Services.」（当社は、当社のAPI以外の本サービスのコンテンツ（「非APIコンテンツ」）を使用して、当社のサービスの開発および改善に役立てることがあります）とある

COLUMN

利用規約は定期的に確認する

利用規約には、このページで説明した入力情報の学習利用や次ページで解説する出力コンテンツの権利など、重要な内容が書かれています。規約は予告なく変更される場合もありますので、利用する際には定期的に確認することが重要です。規約に違反しないように利用しましょう。

出力コンテンツの権利侵害に注意

ユーザーがChatGPTにプロンプトを入力して生成した文章やソースコードなどの出力コンテンツに関する権利については、ユーザーへ譲渡されると利用規約に記載されています(2023年8月時点)。これにより、ユーザーは出力コンテンツを自由に利用できます(禁止事項には留意。P.20参照)。このため、ユーザーとOpenAIの間で出力コンテンツの権利に関する問題は発生しません。

ただし、出力コンテンツが著作権などを侵害している可能性もあります。言語モデルの学習に使用された大量のデータの中には、著作権で保護された文章やソースコードが含まれている場合があり、それをもとにしたコンテンツが出力される可能性があるためです。もしもそのようなコンテンツを利用してしまった場合、ユーザーによる著作権侵害に該当する可能性があります。

この問題に対処するために、ユーザーは出力コンテンツを利用する前に出力コンテンツが第三者の著作物でないかを厳格に確認することが重要です(P.161参照)。

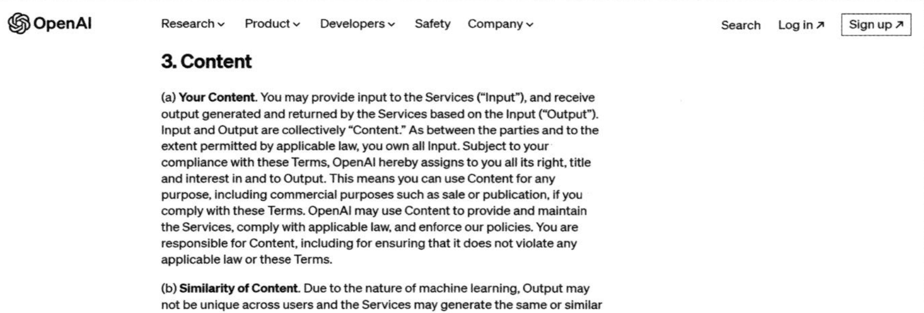

OpenAI「Terms of use」(https://openai.com/policies/terms-of-use)
利用規約には、「Subject to your compliance with these Terms, OpenAI hereby assigns to you all its right, title and interest in and to Output. This means you can use Content for any purpose, including commercial purposes such as sale or publication, if you comply with these Terms.」(お客様が本規約を遵守することを条件として、OpenAI は、出力に関するすべての権利、所有権、利益をお客様に譲渡します。これは、本規約に従う場合、販売や出版などの商業目的を含むあらゆる目的でコンテンツを使用できることを意味します) とある

COLUMN

自分の著作権が侵害されていた場合

もしChatGPTで自分の著作権が侵害されていた場合、OpenAIの「OpenAI DMCA Takedown Form」(https://docs.google.com/forms/d/e/1FAIpQLSeSq2JNu9g8skmUCXh9968brvVftNa2lNlnG_KyNJIBPEuZJw/viewform)から抗議の申し立てができます。侵害が認められた場合、該当コンテンツは削除され、侵害をくり返す可能性のあるユーザーアカウントを無効化するとしています。

004 情報が必ずしも正しくないことを認識する

情報の間違いがある可能性を認識してしておく

ChatGPTの回答には間違った情報が含まれることがあります。最初に利用する際は、よくまとまったきれいな文章で自信満々な回答が表示されるため、誤りに気付かないこともあるかもしれません。

間違った情報が出力される理由はいくつかあります。まず、言語モデルが誤った情報を含むデータを学習してしまうことがあります。また、フィクション小説などの文学作品が学習データとして使用された場合、それらも言語モデルにとって実際の情報として認識され、出力に影響を及ぼす可能性があります。さらに、ChatGPTは質問の内容を完全に理解して回答するわけではありません。プロンプトに含まれる単語に基づいて、確率的に適切であろう回答を予測し、それらを組み合わせて出力しています。

なお、ChatGPTのトップページにはいくつか注意書きが表示されていますが、その中の「Limitations」(制限)という見出しの下には、「May occasionally generate incorrect information」(時折、誤った情報が生成される可能性があります)という一文があります。つまり、OpenAIもこのような特性があるということを明確に説明しており、ユーザーはそれを認識したうえで利用するように心がける必要があります。

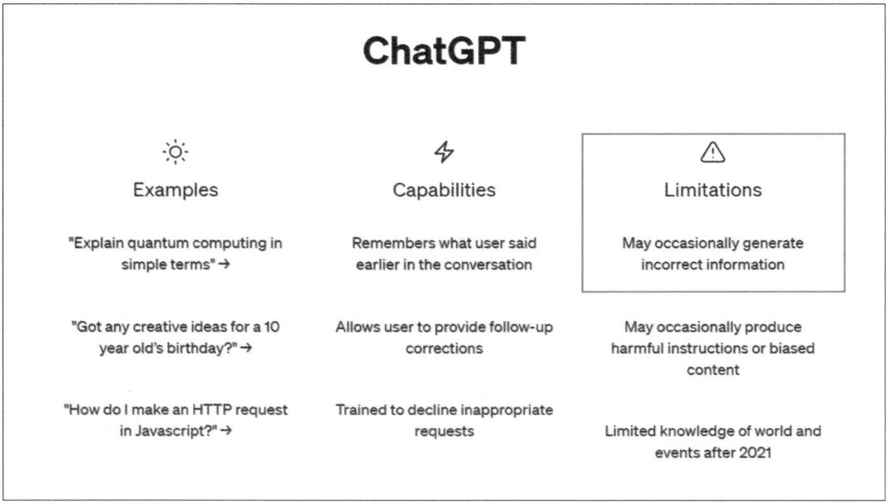

ChatGPT

Examples	Capabilities	Limitations
"Explain quantum computing in simple terms" →	Remembers what user said earlier in the conversation	May occasionally generate incorrect information
"Got any creative ideas for a 10 year old's birthday?" →	Allows user to provide follow-up corrections	May occasionally produce harmful instructions or biased content
"How do I make an HTTP request in Javascript?" →	Trained to decline inappropriate requests	Limited knowledge of world and events after 2021

2021年9月以降の学習情報はない

ChatGPTの言語モデルGPT-3.5は2021年9月に学習を終了しました。そのため、2021年9月以降の情報について質問すると、「私は2021年9月までの情報しか持っていないので、○○○○○については分かりません。最新の情報については、ニュースや関連ウェブサイトをチェックしてください。」というような返答が出力されます。そのような返答がされた場合は、間違いが含まれているわけではないのでまだよいのですが、まれに間違っている情報を回答したり、下の画面のように、間違っている情報が含まれたうえで最新情報の確認を参照するように促したりすることもあるので気を付けましょう。

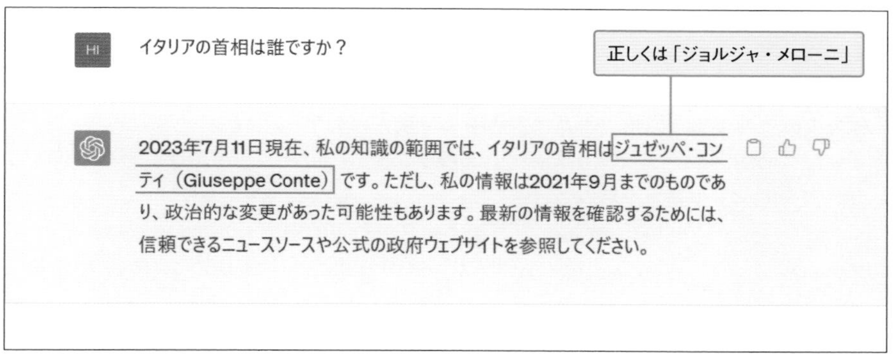

質問や情報収集には必ずファクトチェックを行う

ChatGPTで文章の要約やメールの挨拶文の生成などを行う場合は、ファクトチェック（事実確認）の必要はありません。しかし、一般的な知識に関する質問や特定の情報の収集などを行う場合には、生成された文章を常にファクトチェックすることが重要です。情報の正確性や信頼性を確認するために、信頼できる情報源や公式のWebサイトなどを参照しましょう。とくに重要な情報や意思決定にかかわる場合は、複数の情報源を参照し、情報の正確性を確かめることが不可欠です。

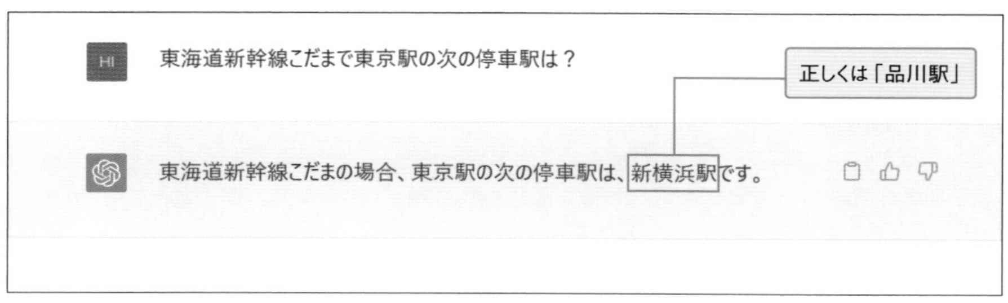

005 ChatGPTの禁止事項を確認する

利用規約に記載されている禁止事項

ChatGPTを利用するにあたり、規約では何が禁止されているのかを事前に確認しておきましょう。P.16でも紹介した同社のサービス全体に適用される利用規約「Terms of use」(https://openai.com/policies/terms-of-use)には、禁止事項が記載されています(2023年8月時点)。以下、一部抜粋です。

・他人の権利を侵害、悪用、または侵害する方法での利用
・サービスのモデル、アルゴリズム、およびシステムのソースコードまたは基盤となるコンポーネントの発見を試みること
・出力コンテンツを利用したOpenAIと競合するモデルの開発
・スクレイピング、Webハーベスティング、またはWebデータ抽出を含む、自動化されたまたはプログラムによる方法を利用したデータまたは出力の抽出(APIを通じて許可されている場合は除く)
・出力がOpenAIの規約に違反していない、またはそのほかの方法で発生した場合に、人間が生成したことを表すこと
・事前の同意なしにAPIキーを購入、販売、または譲渡
・13歳またはデジタル同意に該当する年齢未満の子どもの個人情報の入力

そのほか規約には、「利用できるのは13歳以上。18歳未満の場合は親または法定後見人の許可が必要」「お客様はアクセス認証情報またはアカウントを組織外のほかのユーザーが利用できるようにすることはできず、お客様は認証情報を利用して発生する全活動に対しての責任を負う」なども記載されています。

COLUMN

Webブラウザの翻訳機能で英文の利用規約を読む

利用規約は表記が英語なため、読めない人にとってはハードルを感じてしまいます。MicrosoftのWebブラウザ「Microsoft Edge」には、アドレスバーの右側にある翻訳ボタンをクリックするだけで、外国語のWebサイトを日本語に翻訳できる機能が標準搭載されています。この機能を利用すれば、利用規約の内容を理解することができます。

禁止されているコンテンツ生成

「Usage policies」(https://openai.com/policies/usage-policies)にはさらに、具体的な禁止事項が記載されています(2023年8月時点)。これらの事項に違反しないよう、十分注意して利用しましょう。もし違反が確認された場合、警告およびアカウント停止の処分が科せられます。以下、一部抜粋です。

・違法行為
・児童の性的虐待や搾取、または危害を加えるコンテンツの生成
・憎悪、嫌がらせ、暴力的なコンテンツの生成
・コンピュータシステムを中断、損傷、または不正アクセスするように設計されたコードを生成しようとするコンテンツの生成
・身体的危害のリスクが高い活動に関するコンテンツの生成(武器の開発、自殺、切り傷、摂食障害などの自傷行為を助長、奨励、またはその描写など)
・経済的損害のリスクが高い活動に関するコンテンツの生成(マルチ商法、ギャンブル、高利息短期貸付、信用調査など)
・詐欺的または欺瞞的な活動に関するコンテンツの生成
・アダルトコンテンツの生成
・政治運動またはロビー活動に関するコンテンツの生成
・利用者のプライバシーを侵害するコンテンツの生成
・許可されていない法律実務の従事、または有資格者による情報を確認せずにカスタマイズされた法的アドバイスの提供
・有資格者による情報を確認せずにカスタマイズされた財務アドバイスを提供
・健康状態を治癒または治療する方法について指示の提供

そのほか以下の制限についても記載されています。該当する場合は遵守して利用しましょう。

・消費者へ向けた医療、金融、法律業界での利用、ニュース生成またはニュース要約、そのほか正当な理由がある場合は、AIが使用されていることとその潜在的な制限について免責事項の提供が必要
・チャットボットなど自動化されたシステムは、AIシステムと対話していることをユーザーに開示する必要がある。歴史的な公人を描いたチャットボットを除き、他人をシミュレートする製品は、その人から明示的な同意を取るか、または「シミュレート」および「パロディ」として明確なラベル付けが必要
・ライブストリーム、デモンストレーション、研究での利用は、利用規約「Sharing & publication policy」に従う

006 ChatGPTのアカウントを作成する

OpenAIアカウントを作成する

ChatGPTを利用するには、はじめに公式サイトからOpenAIアカウントを作成します。アカウントの作成に必要なものは、メールアドレスと、SMS（ショートメッセージ）の利用が可能な電話番号の2点です。

1 公式サイト（https://openai.com/blog/chatgpt）の［Try ChatGPT］をクリックします。

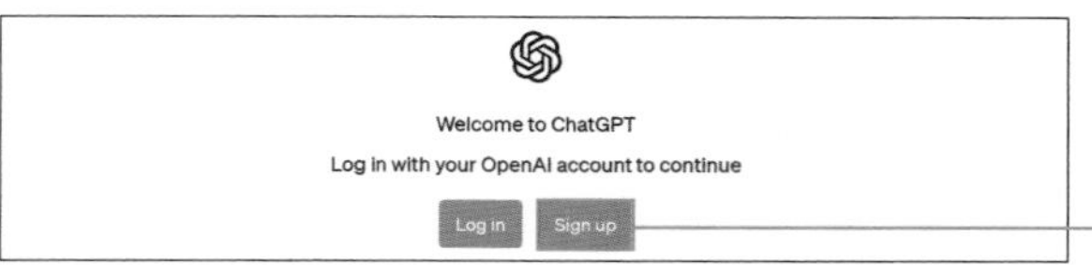

2 ［Sign up］をクリックします。

3 ［Email address］欄にメールアドレスを入力します。

4 ［Continue］をクリックします。

5 ［Password］欄に利用したいパスワードを入力します。

6 ［Continue］をクリックします。

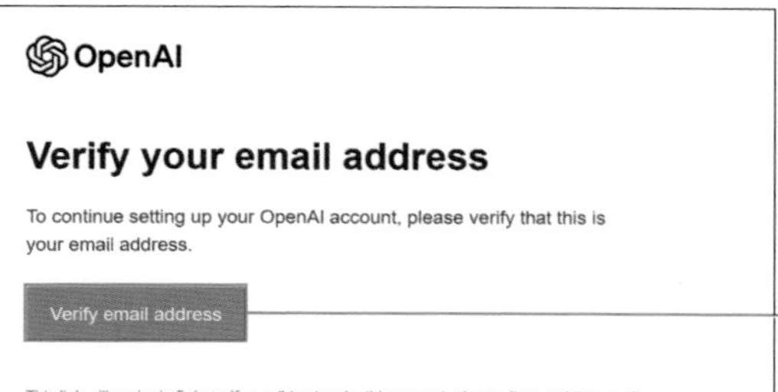

7 手順3で入力したメールアドレス宛に送信された認証メールの[Verify email address]をクリックします。

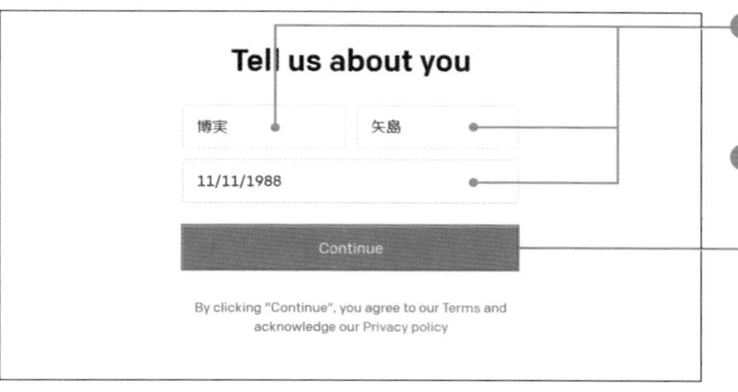

8 [First name]欄に名、[Last name]欄に姓、[Birthday]欄に生年月日を入力します。

9 [Continue]をクリックします。

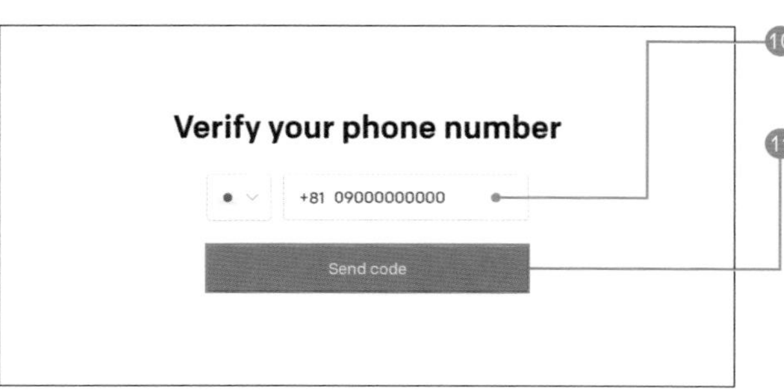

10 SMSが利用できる電話番号を入力します。

11 [Send code]をクリックします。

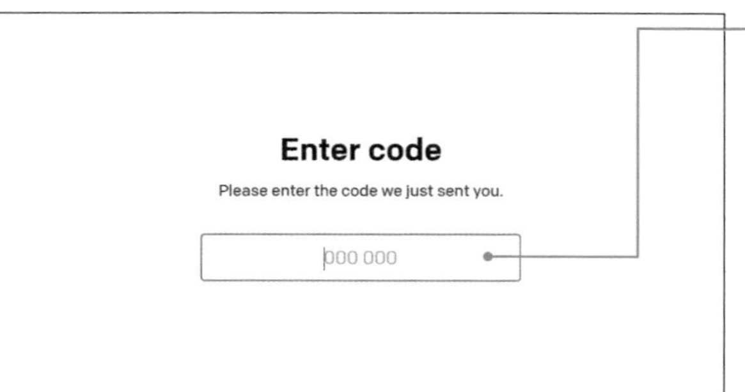

12 手順10で入力した携帯電話番号宛てに送信されたSMSに記載されているコードを入力すると、アカウントの作成が完了します。以降、自動的にログインされますが、ログアウトしてしまった場合は、P.22手順2で[Log in]をクリックして、メールアドレスとパスワードを入力します。

007 ChatGPTの画面構成を確認する

ChatGPTのプロンプト入力前の画面構成

ChatGPTにログインすると、以下のホーム画面が表示されます。この画面でプロンプトの入力や出力内容の閲覧などを行います。

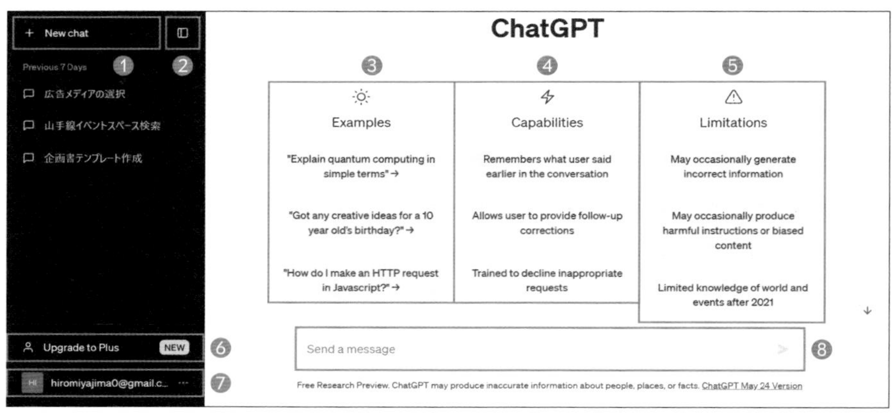

❶ New chat	クリックするとホーム画面が表示され、新規チャットルームが作成されます(P.27 参照)。
❷ Hide sidebar	クリックすると、左側のサイドバーを非表示にできます。再度表示するには、◫をクリックします。
❸ Examples（事例）	プロンプトの例が表示されています。クリックすると、❽内に入力されます。
❹ Capabilities（能力）	どのような能力（機能）があるのかが表示されています。
❺ Limitatinos（制限）	ChatGPT の機能の限界やマイナス点などが表示されています。
❻ Upgrade to Plus	クリックすると、有料版「ChatGPT Plus」へのアップグレードができます。
❼アカウント	ログイン中のアカウント名が表示されます。右の⋯をクリックすると、ログアウトやチャット履歴やプロンプトの学習機能のオフなどが設定できます（P.30 参照）。
❽ Send a message	プロンプトを入力するフィールドです。クリックしてテキストを入力し、▶をクリック、またはキーボードの Enter キーを押すと、入力したプロンプトが送信されます（P.26 参照）。

ChatGPTのプロンプト入力後の画面構成

プロンプトを入力すると、プロンプト、プロンプトに対する回答、過去のチャットルームなどが表示されます。なお、一度で入力・回答できる文字数の上限は全角で約2,000文字です。

❶チャット履歴	過去に会話したログがチャットルームとして保存されています。クリックすると、続きから利用できます。
❷編集ボタン	チャットルームをクリックすると表示されます。このボタンをクリックすると、チャットルーム名を変更できます。
❸共有ボタン	チャットルームをクリックすると表示されます。このボタンをクリックするとURLが作成され、ほかの人にチャットの内容を共有できます。
❹削除ボタン	チャットルームをクリックすると表示されます。このボタンをクリックして☑をクリックすると、チャットルームが削除されます。
❺プロンプト	自分のアカウントアイコンの右に、P.24 ❽の入力フィールドから送信したプロンプトが表示されます。マウスポインターを合わせて☑をクリックすると、入力した内容を編集することができ、[Save & Submit] をクリックすると、回答が表示されます（P.29参照）。
❻出力	ChatGPTのアイコンの右に、1つ上のプロンプトに対して出力された回答が表示されます。
❼Regenerate response	クリックすると、最後に入力したプロンプトの出力が再表示されます。エラーでうまく表示できなかったときや、別の回答も見てみたいときなどに利用します（P.28参照）。

008 ChatGPTに質問してみる

ChatGPTに質問する

ホーム画面下部の［Send a message］と表示されている入力フィールド（P.24参照）をクリックして、質問（プロンプト）を入力してみましょう。改行する場合は、キーボードの Shift を押しながら Enter キーを押します。質問の入力が終わったら、入力フィールドの右にある ▶ をクリック、またはキーボードの Enter キーを押すと、入力した質問が送信され、ChatGPTから回答が返ってきます。

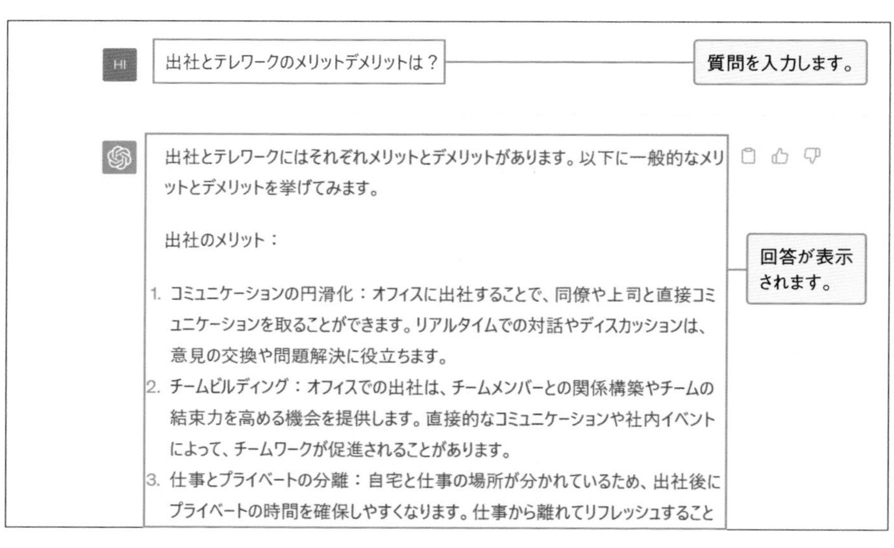

COLUMN

質問の回答を評価する

回答の右上には、3つのアイコンが表示されます。左のをクリックすると、パソコンのクリップボードに回答がコピーされます。また、回答がよかった場合はをクリックし、明らかに内容がおかしい場合はをクリックすると、OpenAIにフィードバックされます。

す。以下に一般的なメリ

チャットルーム内では質問内容を簡略化できる

一度質問すると、その話題についてのチャットルームが自動作成されます。チャットルーム内では、その話題についてのみを会話するため、ある程度説明を省いて質問しても、ChatGPTは理解して回答してくれます。

たとえばP.26の「出社とテレワークのメリットデメリットは？」の回答のあとに続けて「コピーライティング業務の場合はどちらがよい？」とだけ質問すると、それぞれの特徴を提示した回答が出力されます。

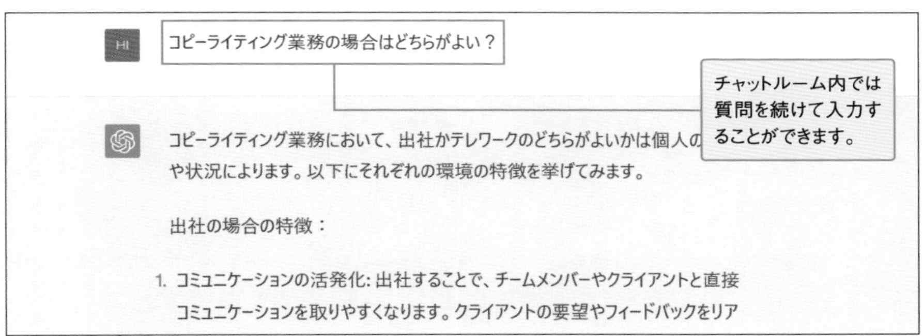

チャットルームを切り替える

別の話題についての質問をはじめたいときには、チャットルームを新たに作成して切り替えましょう。新規チャットルームを作成するには、サイドバーの上部にある［New chat］（P.24参照）をクリックします。

なお、過去に会話をした内容について再び質問をしたい場合は、サイドバーに表示されている該当チャットルームをクリックすることで再開できます。

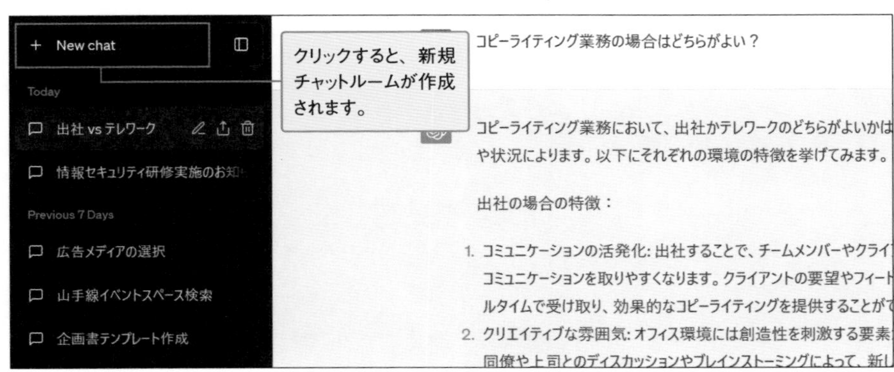

回答の続きを見る

文字数の制限やネットワークの問題などで質問の回答の出力が途中で止まってしまった場合、チャット下部に表示される[Continue generating]をクリックすると、文章の生成が再開され、回答の続きを見ることができます。ボタンが表示されない場合は、プロンプトに「続けて」と入力します。

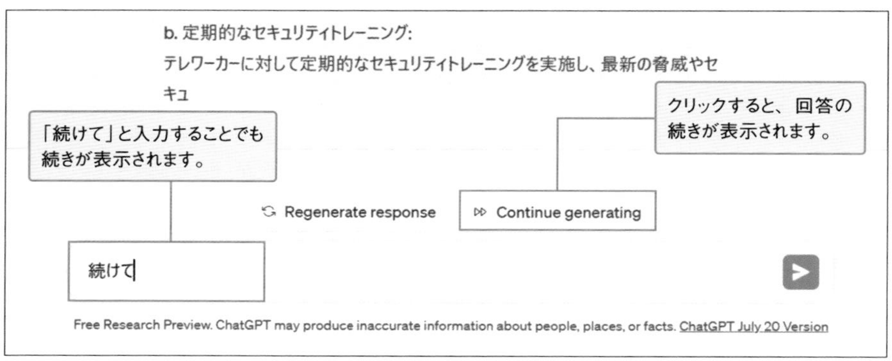

回答を再生成する

回答がすべて生成されたあとに、チャット下部に表示される[Regenerate response]をクリックすると、同じ質問に対して、再生成がはじまります(P.36参照)。ChatGPTはプロンプトに対して、その都度、確率的に適切であろう回答を予測し、それを組み合わせた文章を出力しています。回答の再生成を求めることで、別の回答を表示することができます。

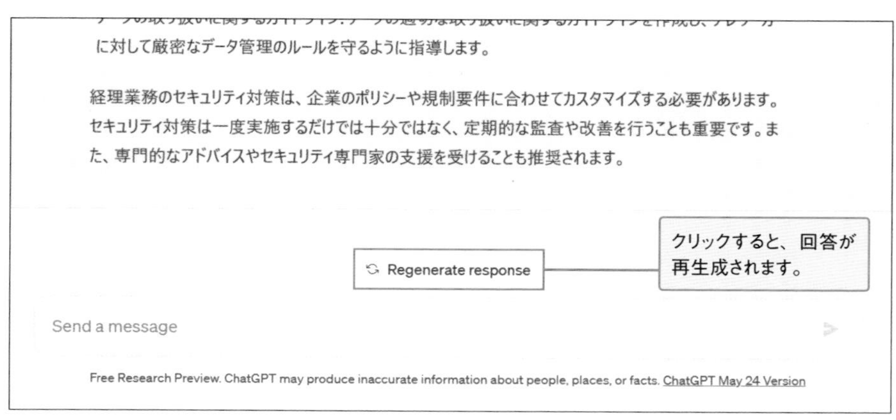

回答を途中で止める

質問に対して、求めていた内容とちょっと違った出力がされてしまった場合、回答の生成途中でチャット下部に表示される[Stop generating]をクリックすると、回答の生成を止めることができます。

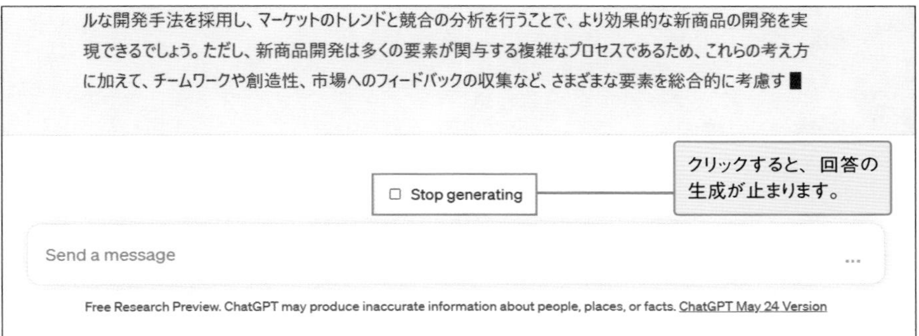

質問を修正して再質問する

入力済みの質問にマウスポインターを合わせて をクリックすると、質問の編集ができます。質問にマウスカーソルが表示されるようになるので編集し、[Save & Submit]をクリックすると、回答が再生成されます。

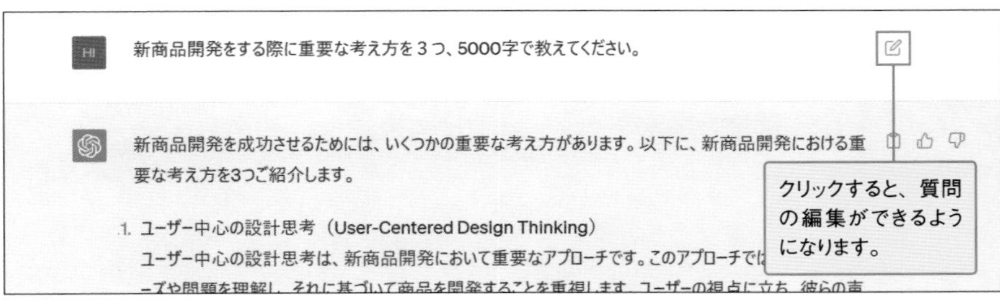

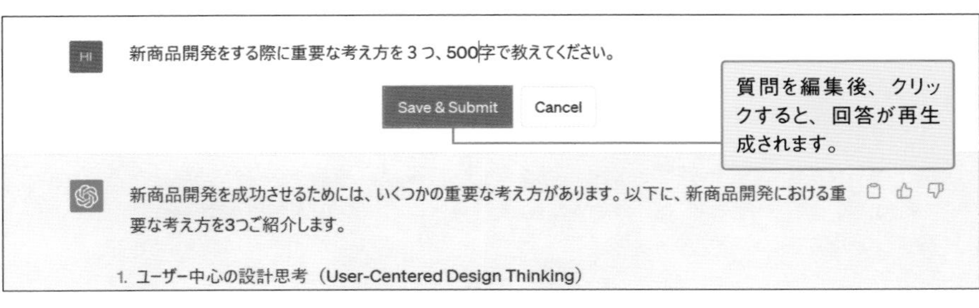

009 質問内容を学習されないようにする

学習機能をオフにする

入力するプロンプトは学習データとして言語モデルの改善に利用されることがあるため(P.16参照)、自分の知らないところで出力コンテンツとして利用されるということもあり得てしまいます。そのようなことを避けたい場合は、設定メニューから学習機能をオフにしましょう。設定方法は、サイドバーの下部に表示されているアカウント名の右の…→[Settings]の順にクリックして「Settings」画面を開き、[Data controls]をクリックし、[Chat history & training]のをクリックしてにします。

なお、学習機能をオフにした場合、合わせてチャット履歴もオフになるため、サイドバーにチャットルームの履歴が表示されなくなります。

チャットルームの履歴はオンのまま学習機能をオフにしたい場合は、「User Content Opt Out Request」(https://docs.google.com/forms/d/1t2y-arKhcjlKc1I5ohl9Gb16t6Sq-iaybVFEbLFFjaI/viewform?edit_requested=true)からオプトアウトを申請しましょう。メールアドレスなど必要情報を入力して送信することで、学習機能のみをオフにして利用できます。

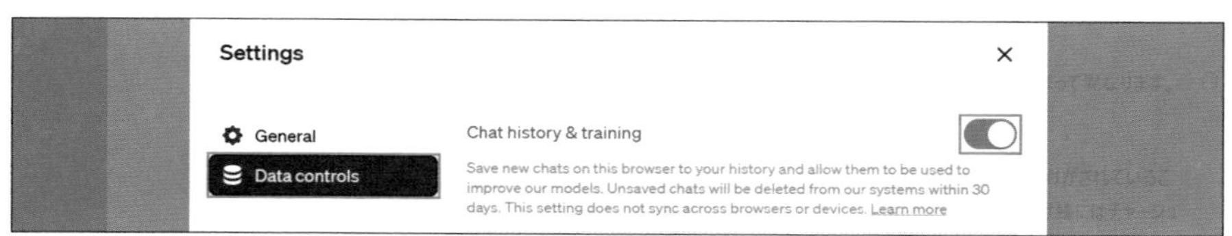

COLUMN

不正監視目的でアクセスされる可能性にも留意する

学習機能をオフにするほか、ChatGPTのAPI版を利用すれば、入力データはOpenAIによってモデルのトレーニングやサービス改善のために利用されなくなります。ただしこれらの場合であっても、OpenAIは不正や誤用の監視目的でデータを30日間保持し、一定の権限ある従業員などによってデータにアクセスされる可能性が残るため注意が必要です(API data usage policies・2023年8月時点)。このような不正監視目的でのアクセスも拒否したい場合は、たとえばAzure OpenAI Serviceが、一定の基準を満たすことを条件として、ユーザーの申請によって不正監視機能をオフにできる機能を提供しているので、このような機能を利用することが考えられます。

第2章

より正確な回答を得るためのテクニック

010 プロンプトエンジニアリングとは

効果的なプロンプトを設計、開発、最適化する手法

ChatGPTのような大規模言語モデルは、普通に質問しただけでは思いどおりの回答が得られないこともあります。言語モデルの能力を最大限に発揮させ、より正確な回答を得るためには、的確なプロンプトの入力が必要になります。そのような効果的なプロンプトを設計、開発、最適化する手法を「プロンプトエンジニアリング」といいます。

DAIR.AIがオープンソースで公開している「Prompt Engineering Guide（プロンプトエンジニアリングガイド）」（日本語版：https://www.promptingguide.ai/jp）には、プロンプトは次の4つの要素で構成されていると記載されています。

命令・指示（Instruction）：言語モデルに実行してほしい特定のタスクまたは命令
背景・文脈（Context）：言語モデルをよりよい応答に導くことができる外部情報または追加の文脈
入力（InputData）：応答を見つけたい入力または質問
出力（Output Indicator）：出力のタイプや形式

以上の要素を前提にプロンプトを組み立てていくと、より精度の高い回答が出力されやすくなります。より高度なテクニックとして以下のようなスタイルがあります。

Zero-Shotプロンプティング

Zero-Shotプロンプティングは、例やデモンストレーションを提示せずに、いきなり質問するスタイルです。データ学習時に指示に従うよう調整されているため、希望に近い回答が出力されます。短くかんたんなプロンプトでよいので入力作業は容易ですが、質問があいまい過ぎると精度が低い回答が出力されてしまいがちでもあります。

HI
次の文章を良い、普通、悪いで分類して。
今年の営業成績は昨年の横ばいだ。

例を提示せずに質問します。

この文章は「普通」に分類されます。

Few-Shotプロンプティング

Few-Shotプロンプティングは、例やデモンストレーションを提示して質問するスタイルです。提示する前提となる条件付けやパターンを学習するため、Zero-Shotプロンプティングよりも精度の高い回答が出力されやすくなります。

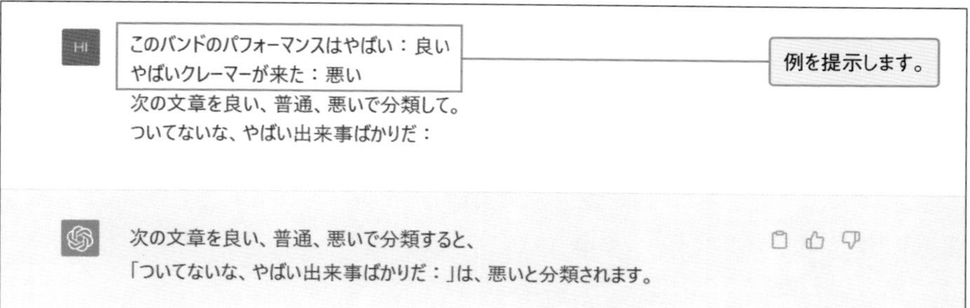

そのほかのプロンプティング

そのほかに、さらに複雑な質問に回答できる以下のような応用スタイルもあります。

Chain-of-Thought（CoT）プロンプティング：情報をつなげて言語モデルに考えさせるスタイルです。関連する情報を見つけ、それらを連鎖させることで論理的な思考を促して回答させます。

Self-Consistency：同じ指示に対して、常に同じ応答をさせるスタイルです。「自己整合性」と訳されます。一貫性があり使いやすく、訓練データや指示の調整を通じた回答がされます。

Generate Knowledgeプロンプティング：言語モデルに知識を与えて回答を導くスタイルです。質問や指示の中に、関連する情報を提供します。

COLUMN

深津式プロンプトシステム

noteのCXOである深津貴之氏により考案されたスタイルは、「役割を与える」「入力文をどう出力分にするかを明確にする」「具体的な出力形式を指定する」「箇条書きで指示する」「マークアップ言語（#や{など）で要素を区別し、プロンプトの構造を明確にする」「出力の条件（文字数や難易度など）を明確に指定する」を行うことで、精度の高い回答が出力されると注目され、「深津式プロンプトシステム」と呼ばれています。これらを踏まえて、次ページ以降ではより正確な回答を得るための具体例を紹介していきます。

011 質問内容を具体的にする

具体的な内容を指定する

質問内容が具体的であればあるほど、ChatGPTがユーザーの意図をくみ取りやすくなり、正確な回答が出力されやすくなります。詳細な情報をChatGPTに提供することによって回答範囲が狭められ、より意図に沿った回答を得られやすいです。

なお、この節では、一度の入力で一気に質問していますが、分割して何度か質問を反復する方法と組み合わせると、より効果的です（P.44参照）。

男性にも女性にも売れやすい秋の味覚を使ったデザートを教えてください。ただし、素材は比較的安価で入手しやすいものがよいです。

質問内容を具体的に指定します。

秋の味覚を使った、男性にも女性にも売れやすいデザートのアイデアをいくつかご紹介します。素材は比較的安価で入手しやすいものを選びましたので、参考にしてください。

1. かぼちゃのプリン: かぼちゃは秋の代表的な食材です。プリンは一般的に人気があり、男女問わず喜ばれるデザートです。かぼちゃの甘さと滑らかなテクスチャーが魅力です。
2. りんごのクランブル: 秋はりんごの収穫時期でもあります。りんごをスライスし、シナモンや砂糖と一緒にオーブンで焼いて、クランブルの上にトッピングします。サクサクの食感とりんごの甘酸っぱさが相性抜群です。
3. 栗のモンブラン: 栗は秋の味覚として人気があります。モンブランは栗のペーストを使用したフレンチデザートで、男性女性を問わず好まれる味です。栗の風味とクリームの組み合わせが楽しめます。
4. さつまいものタルト: さつまいもは秋に旬を迎える野菜です。さつまいもを茹でて潰し、タルト生地に敷き詰め、オーブンで焼き上げます。さつまいもの自然な甘さが際立ち、女性を中心に人気があります。
5. くるみのパウンドケーキ: 秋の代表的なナッツとしてくるみを使ったパウンドケーキは、男性にも女性にも喜ばれるデザートです。くるみの香りと食感が楽しめます。

これらのデザートは、一般的な食材で作ることができるため、比較的安価で入手しやすいです。秋の味覚を生かしたデザートを提供することで、季節感を感じさせるメニューとして好評を得ることができるでしょう。

012 回答条件の範囲を絞る

回答の条件を指定する

回答条件の範囲を絞って質問することで、ChatGPTからの回答をより明確にすることができます。たとえば、言語の指定、回答数、文字数の制限、文章スタイルなどをはっきりと指定し、なおかつ、内容を具体的にして質問することで（P.34参照）、希望の回答にたどり着きやすくなります。

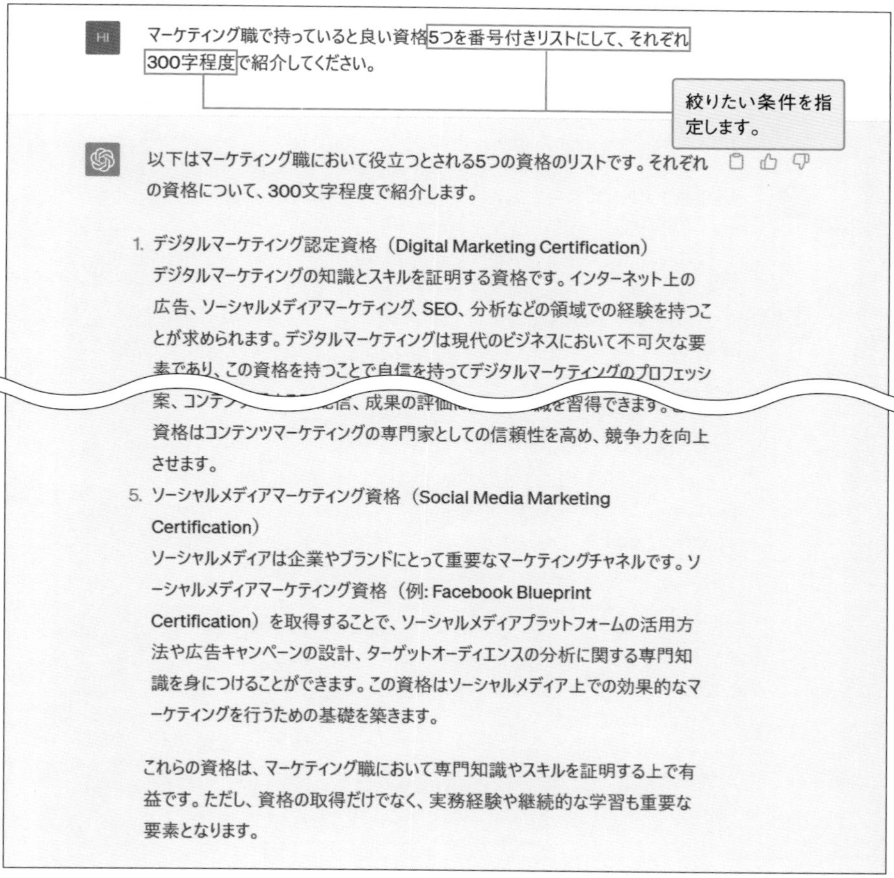

マーケティング職で持っていると良い資格5つを番号付きリストにして、それぞれ300字程度で紹介してください。

絞りたい条件を指定します。

以下はマーケティング職において役立つとされる5つの資格のリストです。それぞれの資格について、300文字程度で紹介します。

1. デジタルマーケティング認定資格（Digital Marketing Certification）
デジタルマーケティングの知識とスキルを証明する資格です。インターネット上の広告、ソーシャルメディアマーケティング、SEO、分析などの領域での経験を持つことが求められます。デジタルマーケティングは現代のビジネスにおいて不可欠な要素であり、この資格を持つことで自信を持ってデジタルマーケティングのプロフェッシ

案、コンテン…配信、成果の評価…識を習得できます。…資格はコンテンツマーケティングの専門家としての信頼性を高め、競争力を向上させます。

5. ソーシャルメディアマーケティング資格（Social Media Marketing Certification）
ソーシャルメディアは企業やブランドにとって重要なマーケティングチャネルです。ソーシャルメディアマーケティング資格（例: Facebook Blueprint Certification）を取得することで、ソーシャルメディアプラットフォームの活用方法や広告キャンペーンの設計、ターゲットオーディエンスの分析に関する専門知識を身につけることができます。この資格はソーシャルメディア上での効果的なマーケティングを行うための基礎を築きます。

これらの資格は、マーケティング職において専門知識やスキルを証明する上で有益です。ただし、資格の取得だけでなく、実務経験や継続的な学習も重要な要素となります。

013 複数の回答をもらうようにする

出力してほしい回答数を指定する

ChatGPTは同じ質問をしても、まったく同じ回答が返ってくるとは限りません。新しいチャットルームを作成して最初に質問をしたときや、チャットの途中で質問をしたときなど、質問をする段階によって回答の内容が異なる場合があります。希望どおりの回答を作成してもらうために、いくつか回答をもらうようにしましょう。たとえば、「○○個回答を作成して」と回答数を指定したり、チャット下部の[Regenerate response]をクリックして別の回答を出力したりします。回答形式や内容が異なるので、比較してみるとよいでしょう。なお、二度目の出力時にのみ、「Was this response better or worse?」と表示され、出力内容を評価することができます。

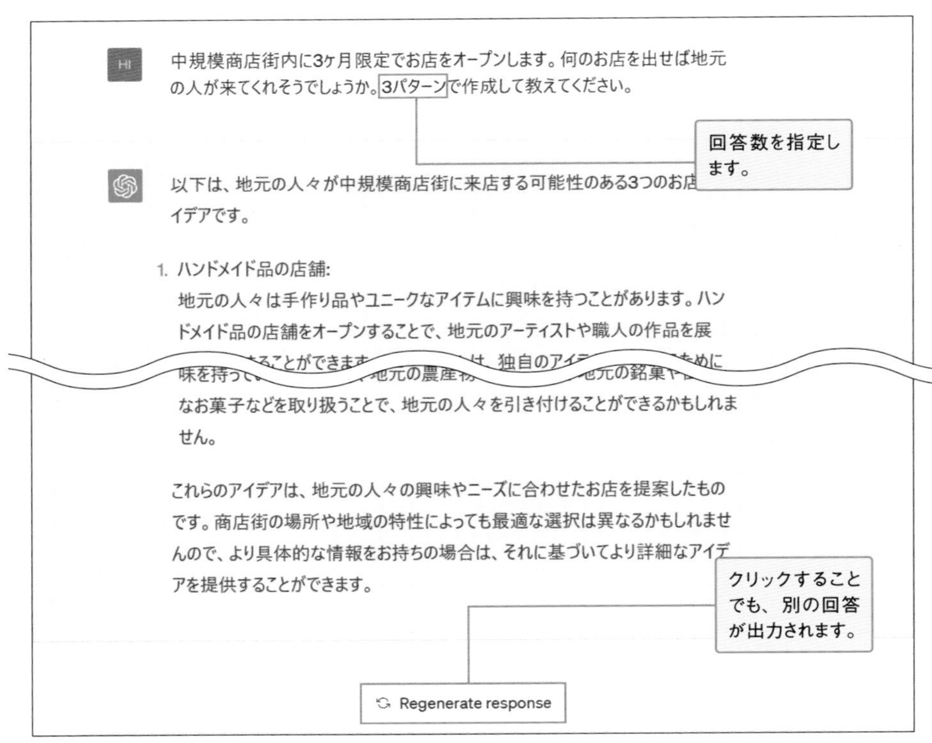

014 回答をさらに詳しく聞いてみる

回答を深堀りする

同じチャットルームの場合、直前のチャット内容やユーザーがどのような質問をしたのかをChatGPTは記憶しています。わからない単語や具体的な例を出してほしい内容があるときは、チャットを途切れさせることなく、そのままの流れで質問をして、回答を深堀りしていきましょう。気になる単語をピックアップして、「○○についてもっと詳しく教えて」「具体例を出して」などと入力することで、理解を深めることができます。

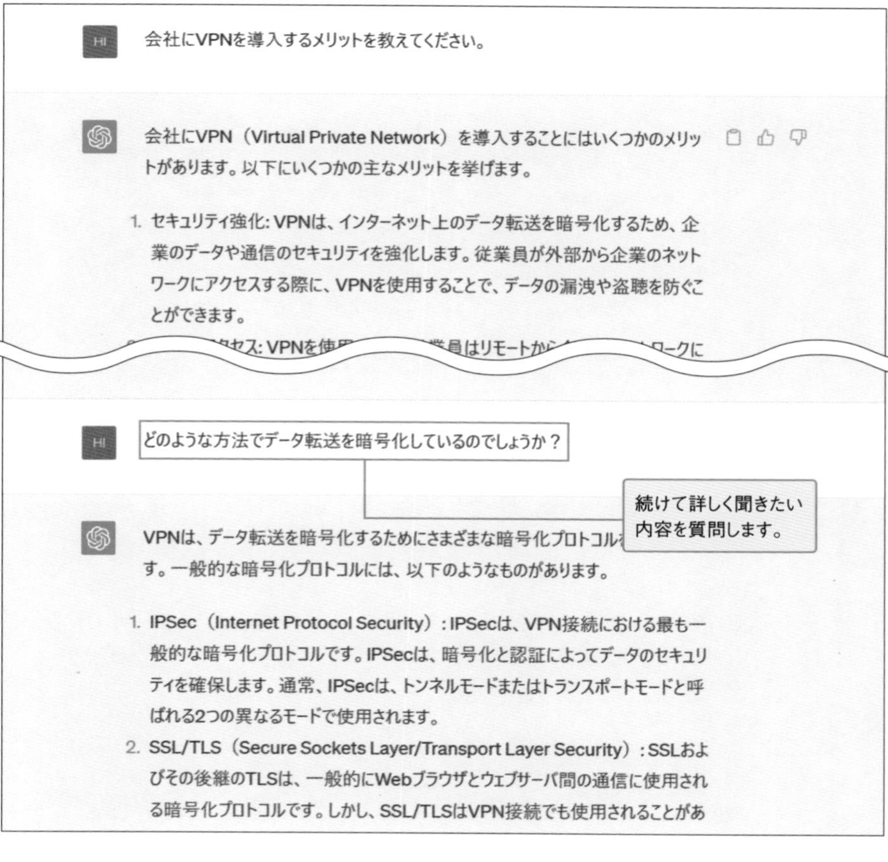

HI 会社にVPNを導入するメリットを教えてください。

会社にVPN（Virtual Private Network）を導入することにはいくつかのメリットがあります。以下にいくつかの主なメリットを挙げます。

1. セキュリティ強化: VPNは、インターネット上のデータ転送を暗号化するため、企業のデータや通信のセキュリティを強化します。従業員が外部から企業のネットワークにアクセスする際に、VPNを使用することで、データの漏洩や盗聴を防ぐことができます。

HI どのような方法でデータ転送を暗号化しているのでしょうか？

続けて詳しく聞きたい内容を質問します。

VPNは、データ転送を暗号化するためにさまざまな暗号化プロトコルを…す。一般的な暗号化プロトコルには、以下のようなものがあります。

1. IPSec（Internet Protocol Security）：IPSecは、VPN接続における最も一般的な暗号化プロトコルです。IPSecは、暗号化と認証によってデータのセキュリティを確保します。通常、IPSecは、トンネルモードまたはトランスポートモードと呼ばれる2つの異なるモードで使用されます。
2. SSL/TLS（Secure Sockets Layer/Transport Layer Security）：SSLおよびその後継のTLSは、一般的にWebブラウザとウェブサーバ間の通信に使用される暗号化プロトコルです。しかし、SSL/TLSはVPN接続でも使用されることがあ

015 別の回答がないか聞いてみる

別の条件で回答をもらう

ChatGPTから受け取った回答が、意図に沿わなかったときや、希望の回答を得られなったときには、別の回答を出力してもらいましょう。P.36を参考に[Regenerate response]をクリックして再度出力してもらう方法もありますが、一度出力してもらった内容に条件を指定して、ほかの回答を作成してもらうことができます。大きく回答が変更されることはなく、あくまで指定した内容に肉付けし、調整してくれます。

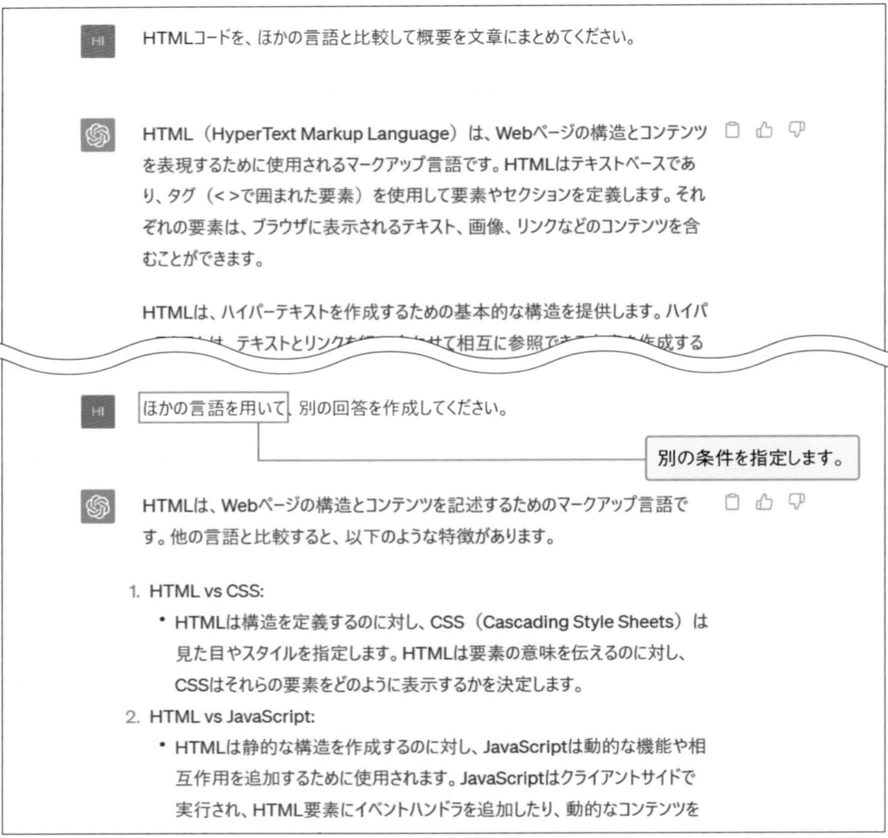

HTMLコードを、ほかの言語と比較して概要を文章にまとめてください。

HTML（HyperText Markup Language）は、Webページの構造とコンテンツを表現するために使用されるマークアップ言語です。HTMLはテキストベースであり、タグ（< >で囲まれた要素）を使用して要素やセクションを定義します。それぞれの要素は、ブラウザに表示されるテキスト、画像、リンクなどのコンテンツを含むことができます。

HTMLは、ハイパーテキストを作成するための基本的な構造を提供します。ハイパ

ほかの言語を用いて、別の回答を作成してください。

別の条件を指定します。

HTMLは、Webページの構造とコンテンツを記述するためのマークアップ言語です。他の言語と比較すると、以下のような特徴があります。

1. HTML vs CSS:
   - HTMLは構造を定義するのに対し、CSS（Cascading Style Sheets）は見た目やスタイルを指定します。HTMLは要素の意味を伝えるのに対し、CSSはそれらの要素をどのように表示するかを決定します。
2. HTML vs JavaScript:
   - HTMLは静的な構造を作成するのに対し、JavaScriptは動的な機能や相互作用を追加するために使用されます。JavaScriptはクライアントサイドで実行され、HTML要素にイベントハンドラを追加したり、動的なコンテンツを

016 回答に対して質問する

ChatGPTからの回答に質問する

ChatGPTからの回答に対してさらに質問をすることで、思うような回答に修正してもらったり、改善してもらえたりすることが期待できます。また、「本文中の○○の意味を教えて」「なぜ○○を修正したの」「なぜそう思ったの」などと質問することにより、理解を深められるほか、ChatGPTがどのように判断して回答を作成したのかといった、背景がわかります。

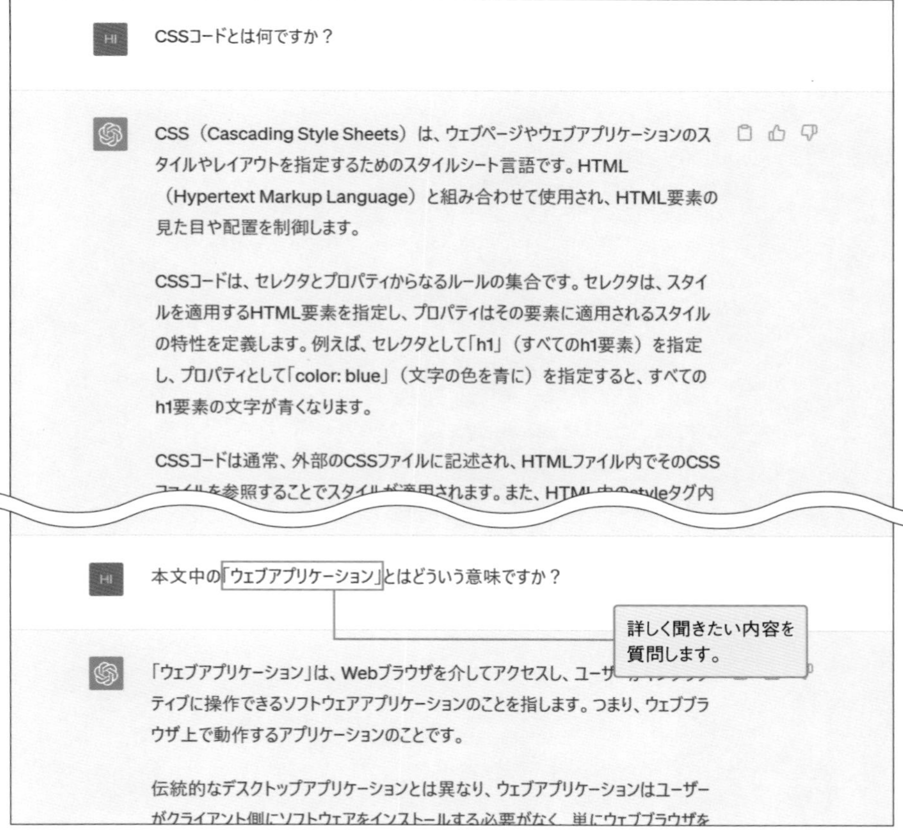

017 どのような質問をしたらよいのか聞く

具体的な質問の内容を提示してもらう

ChatGPTへの質問で、提示している情報だけで回答してもらうと、出力の精度が低いことがあります。具体的にどのような情報をあらかじめ提示しておくべきかの判断がつかない場合は、質問の最後に「必要な情報があれば質問してください。」を追加して入力すると、具体的に提示すべき情報について回答してくれます。その情報を入力すると、回答の精度も高まり、希望しているような出力が生成されるようになります。

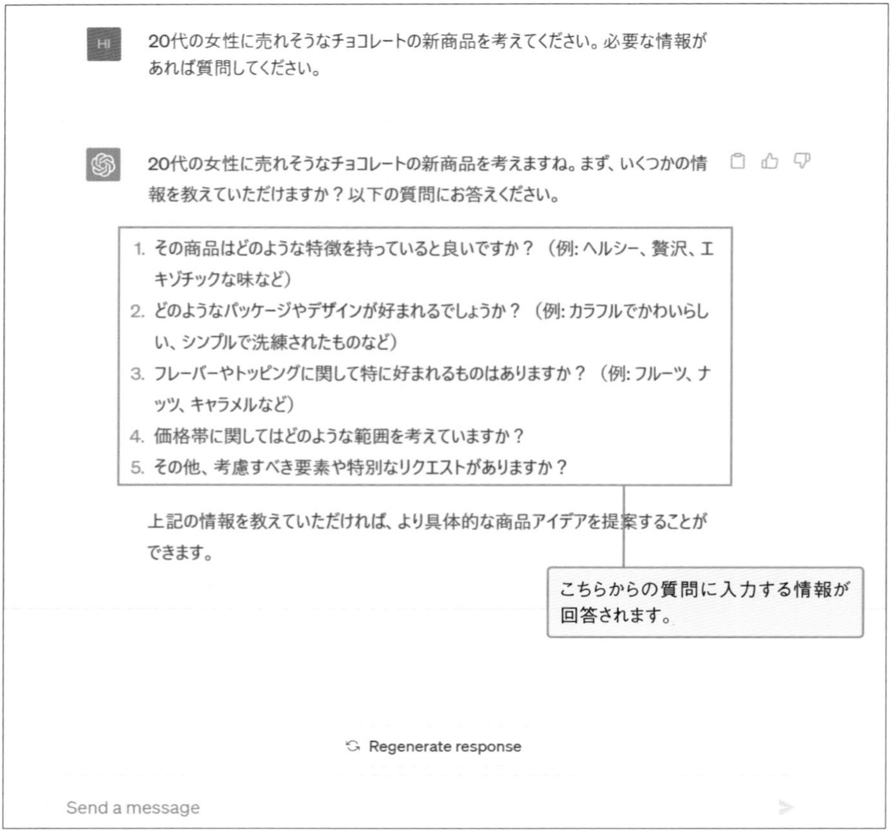

HI 20代の女性に売れそうなチョコレートの新商品を考えてください。必要な情報があれば質問してください。

20代の女性に売れそうなチョコレートの新商品を考えますね。まず、いくつかの情報を教えていただけますか？以下の質問にお答えください。

1. その商品はどのような特徴を持っていると良いですか？（例: ヘルシー、贅沢、エキゾチックな味など）
2. どのようなパッケージやデザインが好まれるでしょうか？（例: カラフルでかわいらしい、シンプルで洗練されたものなど）
3. フレーバーやトッピングに関して特に好まれるものはありますか？（例: フルーツ、ナッツ、キャラメルなど）
4. 価格帯に関してはどのような範囲を考えていますか？
5. その他、考慮すべき要素や特別なリクエストがありますか？

上記の情報を教えていただければ、より具体的な商品アイデアを提案することができます。

こちらからの質問に入力する情報が回答されます。

Regenerate response

Send a message

018 ステップバイステップで回答してもらう

ステップバイステップで回答してもらう

ChatGPTに、「ステップバイステップで回答して」と入力すると、回答内容を段階的に説明してくれるようになります。流れが明確でない例を、流れでわかりやすく説明してほしいときに利用すると理解しやすくなります。また、文章問題を出題して「ステップバイステップで答えて」と入力すると、回答だけではなく、どのようなステップを経て回答にたどり着いたのかを教えてくれます。

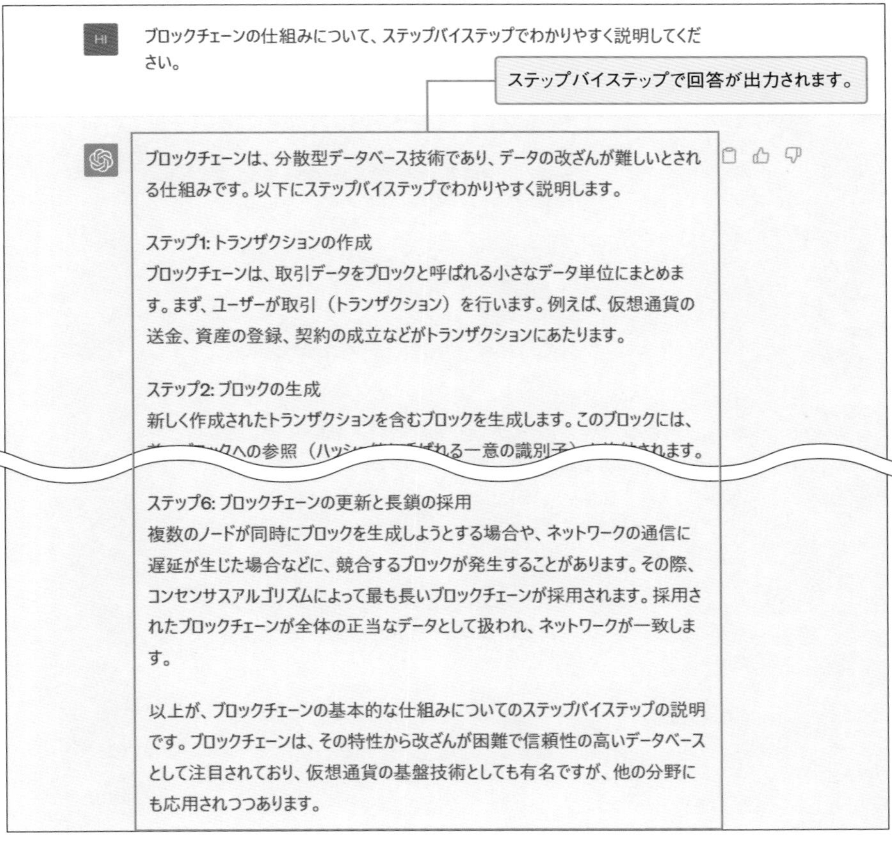

HI

ブロックチェーンの仕組みについて、ステップバイステップでわかりやすく説明してください。

ステップバイステップで回答が出力されます。

ブロックチェーンは、分散型データベース技術であり、データの改ざんが難しいとされる仕組みです。以下にステップバイステップでわかりやすく説明します。

ステップ1: トランザクションの作成
ブロックチェーンは、取引データをブロックと呼ばれる小さなデータ単位にまとめます。まず、ユーザーが取引（トランザクション）を行います。例えば、仮想通貨の送金、資産の登録、契約の成立などがトランザクションにあたります。

ステップ2: ブロックの生成
新しく作成されたトランザクションを含むブロックを生成します。このブロックには、
ックへの参照（ハッシ　ばれる一意の識別子　されます。

ステップ6: ブロックチェーンの更新と長鎖の採用
複数のノードが同時にブロックを生成しようとする場合や、ネットワークの通信に遅延が生じた場合などに、競合するブロックが発生することがあります。その際、コンセンサスアルゴリズムによって最も長いブロックチェーンが採用されます。採用されたブロックチェーンが全体の正当なデータとして扱われ、ネットワークが一致します。

以上が、ブロックチェーンの基本的な仕組みについてのステップバイステップの説明です。ブロックチェーンは、その特性から改ざんが困難で信頼性の高いデータベースとして注目されており、仮想通貨の基盤技術としても有名ですが、他の分野にも応用されつつあります。

019 ChatGPTに役割を与えて回答してもらう

役割を指定する

ChatGPTに役割を与えると、与えられた役割に合わせて、回答を出力してもらうことができます。「あなたは○○の専門家です」「太宰治になりきって」など、特定の職業や人物を指定することで、そのような口調や語尾で出力されます。

また、「私は経営戦略コンサルタントで、あなたはお客様です。これから商談を行います」など、シチュエーションを細かく設定して、ロールプレイングをすることができます。会話形式で出力してくれるため、作品のシナリオや会話型の解説書などがかんたんに作成可能です。

あなたはアパレル店のチームマネージャーです。上司に向けて今月の活動報告書を作成してください。

職業や人物などの役割を指定します。

件名: 2023年7月活動報告書

上司様、

私のチームが行った2023年7月の活動について、以下に報告いたします。

1. セールキャンペーンの実施:
   7月中旬から月末まで、当店では夏セールキャンペーンを実施しました。広告宣伝活動を強化し、SNS広告、店内ポスター、地元コミュニティの掲示板などを通じてセール情報を積極的に発信しました。また、新聞広告やラジオ広告も活用し、広範な顧客層にアプローチしました。セール期間中は売上が前年同期比
   ……加し、顧客数も増……

以上が、私のチームが行った主な活動です。これらの取り組みにより、売上と顧客満足度の向上を実現しました。引き続き、チームと共に努力を重ね、さらなる成果を出していく所存です。

ご指導のほど、よろしくお願い申し上げます。

敬具
（チームマネージャー名）

020 質問を改行して条件をたくさん入力する

質問を改行する

たくさんの条件を含んだ文章を生成してもらうときには、条件を箇条書きで入力すると、ChatGPTから得られる回答の精度が上がる効果があります。

テキストを改行するには、キーボードの Shift を押しながら Enter キーを押します。Enter キーだけを押すとチャットにテキストが送信されてしまうので、気を付けましょう。

マーケティング職について、以下の条件を含んだ文章を作成してください。

・やりがい
・魅力
・困難
・乗り越えたトラブル
・条件
・必須資格
・必要なツール
・先輩のオススメコメント
・向いている人
・事前に学習しておくとよいこと
・ベテランの1日のスケジュール例
・社外とのやり取り

質問を改行して条件をたくさん入力します。

マーケティング職は、多くのやりがいと魅力を持つ職種です。商品やサービスを広め、消費者の心をつかむことができる喜びは、何物にも代えがたいものです。また、マーケティングは常に進化し続ける領域であり、創造性を発揮できる環境でもあります。

一方で、マーケティングには困難も伴います。市場の変化や競合他社の動向に対応しなければならず、時には予測不可能なトラブルにも直面することがあります。しかし、このような困難を乗り越えることで、成長と学びの機会が与えられます。

マーケティング職に就くための条件は、コミュニケーション能力や分析力、クリエイティブな思考などが挙げられます。また、市場調査や分析のためのデータ分析ツー

021 分割して質問する

質問を小分けにする

一歩ずつ段階を踏みながら質問していくことは、ChatGPTから明確な回答を引き出すために有効なテクニックの1つです。「たくさん質問したいことがある」「質問文が長くなってしまう」といったときには、質問を小出しにして質問と回答をくり返していきましょう。この節では、「新商品企画報告書」を作成してもらうため、いきなり「新商品企画報告書の項目とその本文を作成して」と入力せず、まずは項目だけをリストアップしてもらい、次に個別の文章を生成してもらうという流れで作成していきます。

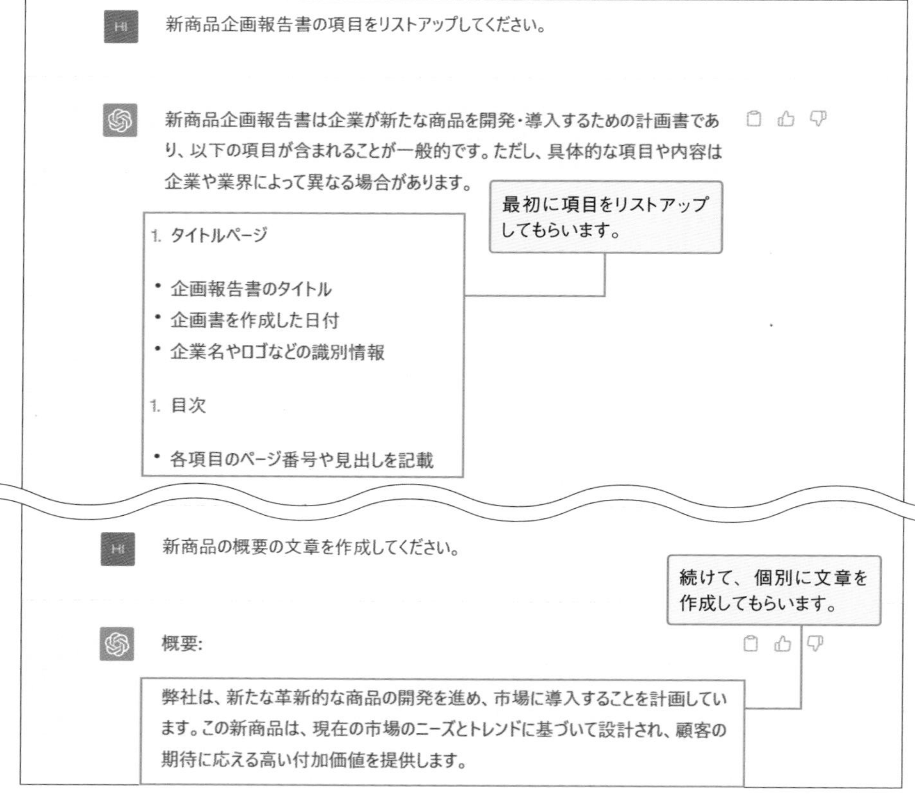

022 英語で質問する

英語で質問する

通常、ChatGPTにプロンプトを入力すると、入力された言語と同じ言語で出力されます。以下では、英語で質問をしたところ、英語で回答が出力されました。

また、ChatGPTは、英語圏であるアメリカで作成されたサービスのため、英語で質問するほうが精度が高いといわれていますが、機能としては大差なく使用することができます。

もちろん、英語だけではなく、さまざまな言語に対応することができ、翻訳しての出力も可能です(P.78参照)。

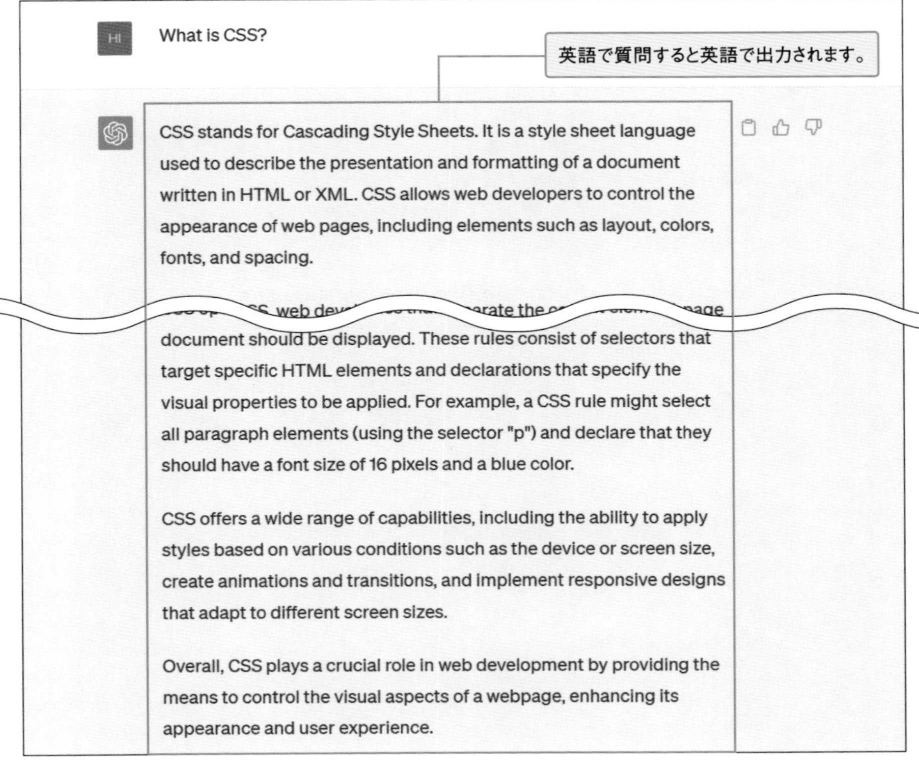

023 情報ソースを付けて回答してもらう

情報ソースを付ける

ChatGPTに質問をすると、さまざまな内容に答えてくれますが、ChatGPTがどのようなデータを根拠に回答をしたのか気になることもあるでしょう。そのような場合は、「情報ソースを付けて」と付け加えて質問をしてみてください。質問に対する回答に情報ソースのURLが太字に強調されて追記されます。URLをクリックすると、指定のWebサイトに移動します。なお、追記される情報ソースは2021年9月までのデータであるため、注意してください。

オンライン学習のメリットを、情報ソースを付けて教えてください。

オンライン学習には多くのメリットがあります。以下にいくつかのメリットとそれに関連する情報ソースを示します。

クリックするとリンク先が表示されます。

1. 時間と場所への柔軟性: オンライン学習では、自分の都合に合わせ[…]ことができます。時間や場所に制約されず、自分のペースで進めることができます。

- 参考情報: "The Benefits of Online Learning" - eLearning Industry (**https://elearningindustry.com/benefits-of-online-learning**)

1. 多様なコース選択肢: オンライン学習プラットフォームでは、さまざまな分野や主題のコースが提供されています。これにより、個々の学習目標や興味に合わせて選択することができます。

- 参考情報: "Best Online Learning Platforms" - PCMag (**https://www.pcmag.com/picks/best-online-learning-platforms**)

1. 自己学習能力の向上: オンライン学習では、自己学習能力が養われます。自己管理や自己組織化のスキルを向上させることができるため、将来の学習やキャリアの成功に役立ちます。

- 参考情報: "The Impact of Online Learning on Self-Directed Learning Skills" - ResearchGate

第3章

ビジネス文書の作成

024 企画書を作ってもらう

企画のアイデア出しを依頼する

企画書を作成する際、なかなかよいアイデアや構想などが思い浮かばない場合、まずはアイデア出し（第5章参照）からChatGPTに依頼してみるのも1つの方法です。企画のアイデア出しを依頼する場合、どのようなサービス・商品・コンテンツなのかや、提案してもらいたいアイデアの個数などをプロンプトに入力します。複数のアイデアを提案してもらったら、その中から自分の提案したい内容に近いものを選び、企画書作成の次の段階へ進みましょう。

スマートフォン向け英会話アプリのアイデアを5個教えてください。

アイデアは複数提案してもらいます。よいアイデアがない場合は、「あと5個教えてください」のように追加で提案してもらうこともできます。

1. リアルタイム翻訳アシスタント: このアプリは、スマートフォ…話された英語の文をリアルタイムで翻訳し、ユーザーが…ョンを取れるよう支援します。ユーザーは英語のフレーズを話すと、アプリがそれを瞬時に翻訳し、相手に伝えることができます。
2. シナリオベースの会話練習: このアプリは、日常的な会話シナリオを提供し、ユーザーがリアルな会話の練習をするのに役立ちます。ユーザーはアプリのキャラクターと対話し、日常会話の様々な場面で自信をつけることができます。
3. 発音矯正トレーナー: 英語の発音を改善するためのアプリです。ユーザーはアプ…クしてもらえます。また、アプリは特定の音や発音の難しい部分を重点的にトレーニングするための練習課題も提供します。
4. フラッシュカードクイズ: このアプリは、単語やフレーズの学習をサポートするためのフラッシュカードクイズを提供します。ユーザーはアプリが表示する英単語やフレーズに対して正しい意味や文脈を選択するクイズに挑戦し、英語の語彙を楽しく増やすことができます。
5. トピック別会話パートナー: このアプリは、ユーザーが特定のトピックに関連する会話の練習をするのに役立ちます。例えば、旅行、ビジネス、食事などのトピックについて、ユーザーはアプリの会話パートナーと対話し、リアルな会話状況をシミュレートすることができます。パートナーはユーザーの発話に応じて適切な返答を返し、ユーザーのコミュニケーションスキルを向上させます。

企画の特徴や内容を指定する

すでに企画書のもととなるアイデアなどがある場合は、企画の特徴や内容、ターゲット層となる人物の年齢や性別などを細かく指定することで、企画書向きの文章を作成してもらうことができます。指定する内容が具体的であればあるほど、作成される企画書の内容も提案したいものに近付きます。もちろん、P.48でChatGPTに出してもらったアイデアをもとに企画書を作成してもらうことも可能です。

ただし、ChatGPTに作成してもらった文章は意図する内容と異なっていたり、同じ内容がくり返されていたりすることもあります。必要に応じて修正を加えましょう。

以下の内容に従って、企画書を作成してください。

・商品名は野菜をたっぷり詰めた「ベジタブル春巻き」
・キャベツ、人参、もやし、しいたけなどの具材を使い、サクサクの皮で包んで提供
・全国のコンビニエンスストアのホットスナックで販売予定
・主なターゲットは20～30代女性

企画の特徴や内容をできる限り具体的に指定します。

【企画書】
商品名: ベジタブル春巻き

1. 概要
「ベジタブル春巻き」は、野菜をたっぷり詰めたヘルシーで美味しいホットスナックです。キャベツ、人参、もやし、しいたけなどの新鮮な具材を使用し、サクサクの皮で包んで提供します。この商品は、全国のコンビニエンスストアで販売予定であり、主なターゲットは20～30代の女性となります。
2. 商品の特徴

3. ターゲット市場
「ベジタブル春巻き」の主なターゲット市場は、20～30代の女性です。以下にその特徴を示します:

- 健康意識が高い: 自身の健康に対する意識が高く、栄養バランスのとれた食事を好む傾向があります。
- 忙しい生活スタイル: 仕事やプライベートで忙しく、手軽に摂取できるヘルシースナックに需要があります。
- 軽食やスナックにこだわる: 食事の代わりや間食として、美味しく食べられる軽食に関心を持っています。
- コンビニエンスストアを利用する: 仕事や外出の際に、よくコンビニエンスストアを利用する傾向があります。

025 プレゼンの原稿を作ってもらう

プレゼンの構成案と原稿を生成する

プレゼンの主要テーマやポイントをプロンプトに入力することで、スライドの構成案や見出し、説明原稿を作成してもらうことが可能です。

しかし、現行の言語モデル（GPT-3.5）は、2021年9月頃までの情報しか学習していないため、最新の情報に触れられていない場合もあります。構成の段階で内容に不備がないかどうか必ず検討しましょう。

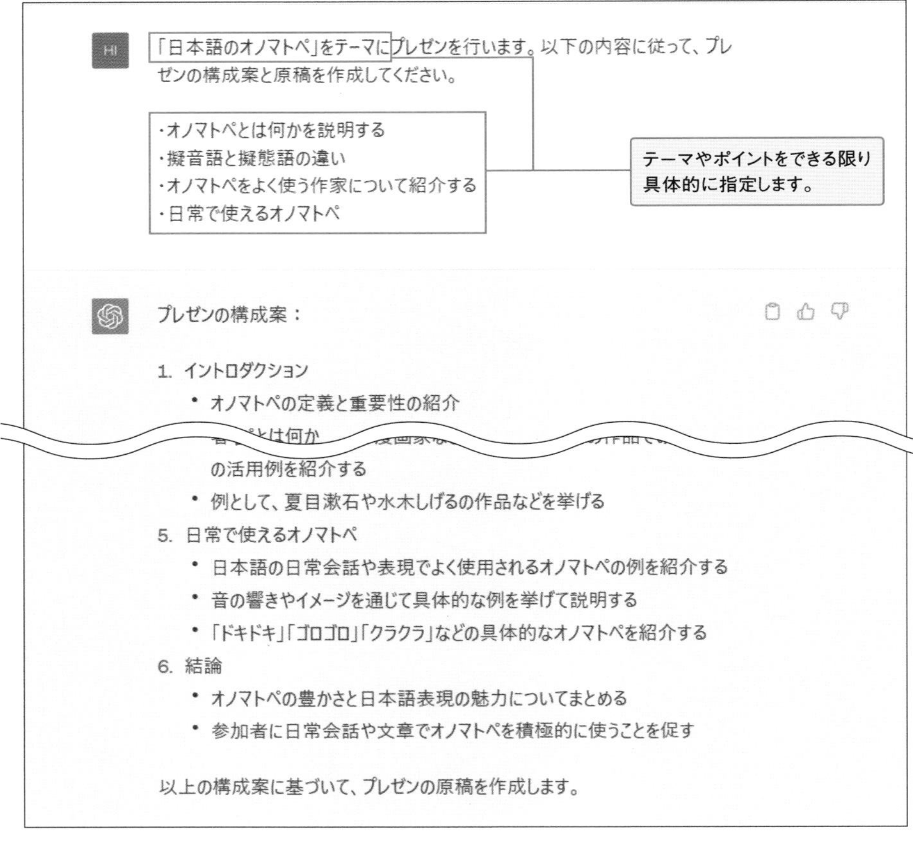

ChatGPTにプレゼン資料の構成案を作成してもらったら、次は原稿の作成です。ここでは、P.50のChatGPTからの回答のあとに「続きを作成してください。」と入力し、プレゼン原稿の作成を依頼すると、スライド番号や画面に表示されるタイトルとスライド内の説明文が表示されます。

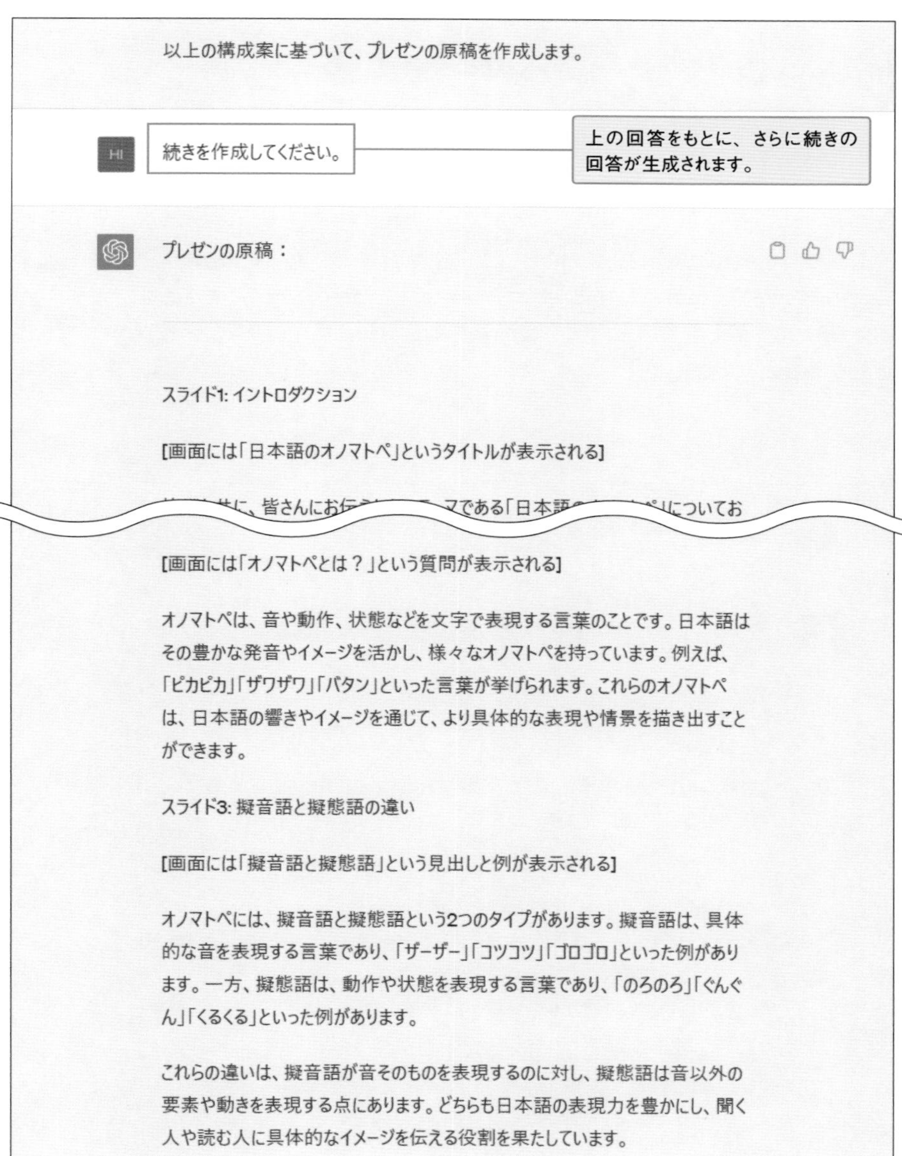

026 紹介記事を書いてもらう

紹介したいものや場所、イベントなどを指定する

ChatGPTに、紹介したいものや場所、イベントなどの情報を指定することで紹介記事の作成もあっという間にできます。どのようなポイントに注目して紹介したいのかを入力すると、より自分のイメージに近い紹介記事の文章を生成してもらうことが可能です。

しかし、ChatGPTに作成してもらった文章は、過去のデータに基づいて作られているため、そのまま記事として使うには記事のオリジナリティに欠ける恐れがあります。ChatGPTに作成してもらった記事はベースとしつつ、実際の体験談や個人の視点などを盛り込むとよいでしょう。また、誤った情報が混ざっていないかのチェックも必要です。

HI 旭山動物園をおすすめの観光スポットとして紹介する記事を作成してください。

タイトル: 旭山動物園：自然と動物の魅力が融合する究極の観光スポット

イントロダクション:
旭山動物園は、北海道に位置する日本屈指の動物園です。美しい自然環境と多種多様な動物たちが共存し、訪れる人々に驚きと感動を与えてくれます。この記事では、旭山動物園の魅力や特徴を紹介し、なぜ多くの人々がこの場所を訪れるべきなのかをご説明します。

1. 自然との共生:
旭山動物園は、自然との調和が重視された設計がなされています。広々とした敷地には、四季折々の美しい風景が広がり、訪れる人々に癒しを提供してくれます。園内には木々や花々が豊かに植えられ、動物たちの生息地を再現しています。自然の中で動物たちが自然な行動をとる様子を見ることができるため、訪れる人々は自然とのつながりを感じることができます。

2. 多種多様な動物たち:
旭山動物園では、約200種以上の動物たちを飼育しています。国内外から様々な動物が集まっており、その種類の豊富さは見るものを飽きさせません。

記事のタイトルやイントロダクション、小見出しも作成してくれます。

027 解説記事を書いてもらう

解説したい内容を指定する

専門的な内容を解説する記事の作成もChatGPTを活用すると便利です。プロンプトに、解説したい内容を入力し、解説記事の作成を依頼します。文献やインターネットなどで調べて、1から文章を書く手間がかかりません。

以下は、「エルニーニョ現象」について解説した記事を作成してもらった例です。また、プロンプトに入力する際に、「わかりやすく」「かんたんに」「短く」「小学生でもわかるように」などのようなキーワードを盛り込むことで、それに合うような文章を作成してもらうことができます。

HI 「エルニーニョ現象」についてわかりやすく解説した記事を作成してください。

「わかりやすく」「短く」などを指定することで、読者対象に合わせた記事を作成できます。

タイトル: エルニーニョ現象とは？気候変動の力強い要素の一つ

概要:
エルニーニョ現象は、地球の気候変動の中でも特に重要な要素の一つです。この現象は、太平洋の海水温度の変化によって引き起こされ、世界中の気候に大きな影響を与えます。この記事では、エルニーニョ現象がどのように起こり、その影響がどのようなものであるかを分かりやすく解説します。

本文:
エルニーニョ現象は、太平洋の表面水温が通常よりも高くなる現象です。正確には、エルニーニョ現象を特徴づける温暖化は「エルニーニョ現象」、逆に表面水温が低くなる現象は「ラニーニャ現象」と呼ばれます。エルニーニョ現象は、通常、数年ごとに起こりますが、その周期や強度は予測困難です。

エルニーニョ現象の主な影響の一つは、気温の変化です。エルニーニョが発生すると、太平洋沿岸地域や一部の地域で気温が上昇し、熱波や干ばつが引き起こされることがあります。一方、他の地域では冬季に温暖な気候がもたらされることもあります。このような気温変化は、農業や生態系に大きな影響を与え、食糧安全保障や生物多様性に関する懸念を引き起こします。

028 コラム記事を書いてもらう

コラムの内容や項目を指定する

ChatGPTに依頼すれば、コラム記事のベースとなる文章もすぐに作成できます。依頼する際の条件として、コラムにする内容や項目などを指定します。一般的なコラムでは、書き手(ライター)の意見や考えが書かれていることが大きな特徴です。ChatGPTに作成してもらった文章は、過去のデータから生成されたものであるため、個人の意見や考えは反映されていない場合があります。ChatGPTの文章はあくまでベースとしたうえで、コラム記事のポイントとなる要素を書き加えてブラッシュアップしていきましょう。

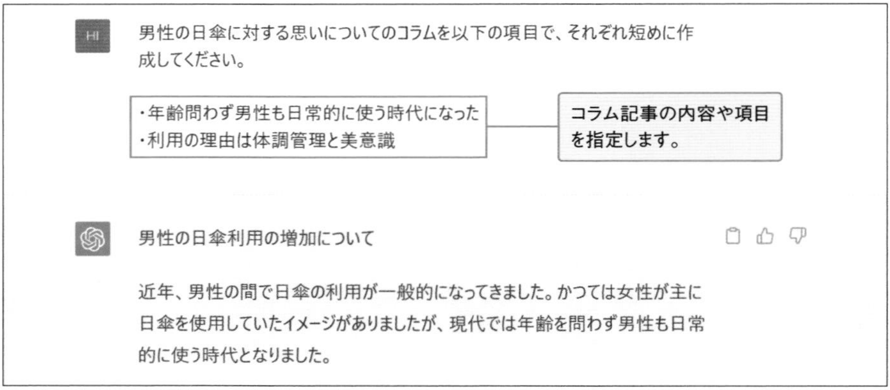

HI 男性の日傘に対する思いについてのコラムを以下の項目で、それぞれ短めに作成してください。

・年齢問わず男性も日常的に使う時代になった
・利用の理由は体調管理と美意識

コラム記事の内容や項目を指定します。

男性の日傘利用の増加について

近年、男性の間で日傘の利用が一般的になってきました。かつては女性が主に日傘を使用していたイメージがありましたが、現代では年齢を問わず男性も日常的に使う時代となりました。

COLUMN

役割を与える

ChatGPTに依頼するとき役割を与えると、役割に見合った文体で文章を作成してもらえます。たとえば、「あなたはプロのコラムニストです。」と役割を与え、続きを依頼すると、書き口の異なる回答が得られます。

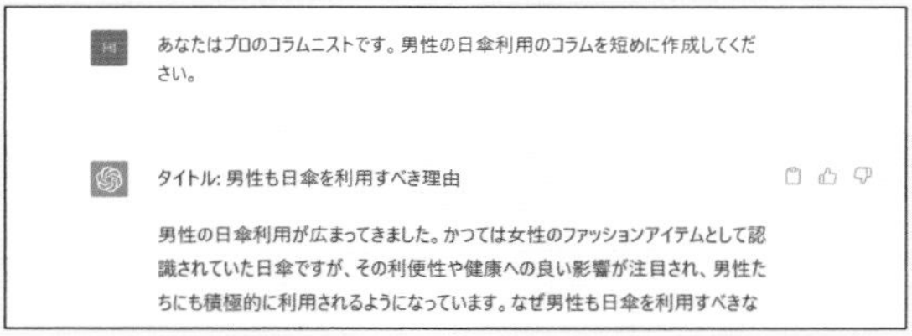

HI あなたはプロのコラムニストです。男性の日傘利用のコラムを短めに作成してください。

タイトル: 男性も日傘を利用すべき理由

男性の日傘利用が広まってきました。かつては女性のファッションアイテムとして認識されていた日傘ですが、その利便性や健康への良い影響が注目され、男性たちにも積極的に利用されるようになっています。なぜ男性も日傘を利用すべきな

029 FAQを作ってもらう

FAQをリスト化できる

FAQとは「よくある質問」のことです。企業をFAQを自社のホームページに掲載しておくことで、顧客からの問い合わせを削減することができます。自社の製品やサービスなどについてFAQを作成する際は、ChatGPTを活用してかんたんにリストを作成するのがおすすめです。FAQを作成したい内容を指定したうえで、プロンプトに以下のように入力して依頼しました。「○個作成してください。」と個数を指定してもよいでしょう。ChatGPTに作成してもらったリストをもとに、あとは回答を用意するだけなので、作業を効率化することが可能です。

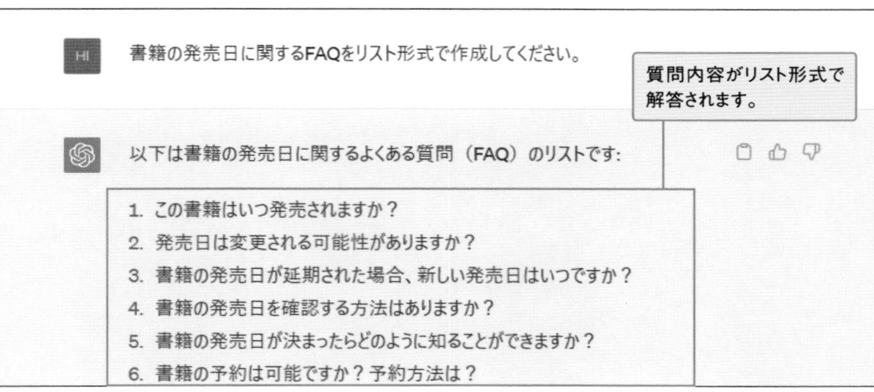

COLUMN

FAQの回答を作ってもらう

FAQと合わせて、その回答も一緒に作成してもらうことができます。出力された回答は必ずしも希望しているものが出るとは限らないので、適宜修正して利用しましょう。

HI 書籍の発売日に関するFAQと回答をリスト形式で作成してください。

以下は書籍の発売日に関するよくある質問（FAQ）と回答のリストです：

Q: 書籍の発売日はいつですか？
A: 書籍の発売日は出版社によって異なります。出版社は通常、書籍の発売日を公式ウェブサイトやオンライン書店で発表します。

030 アンケートの項目を作ってもらう

アンケートの質問と選択肢を作成できる

ChatGPTで、アンケートの質問や選択肢などを作成してもらうことができます。どのような内容を調べたいか指定することがポイントです。以下の例では、ChatGPTに「製菓メーカーのマーケター」という役割を与えたうえで、新商品のアイスクリームの企画作成に乗り出すためのアンケートを作成してもらいました。

あなたは製菓メーカーのマーケターです。アイスクリームの新商品を企画しています。どのようなアイスクリームが好まれる傾向にあるのか把握するために、アンケートの項目を作成してください。

もちろんです！以下に、アイスクリームに関するアンケートの項目をいくつか提案します。これらの項目を使用して、お客様の好みや傾向を把握することができます。

役割や調べたい内容をできる限り具体的に指定します。

1. アイスクリームを食べる頻度はどのくらいですか？
   - 週に何回ほど食べますか？
   - 月に何回ほど食べますか？
2. お気に入りのアイスクリームのフレーバーは何ですか？
   - 複数回答可
   - バニラ、チョコレート、ストロベリーなどの定番フレーバー
   - 抹茶、紅茶、ココナッツなどの特殊なフレーバー
   - フルーツ系、ナッツ系、キャラメル系など

   - キャラメルソース
   - フルーツソース
   - ナッツ
   - クッキー・ビスケット
   - マシュマロ
   - その他（自由記述）
5. アイスクリームを食べる場所やシチュエーションはありますか？
   - 家で食べる
   - カフェやレストランで食べる

031 日報や報告書を作ってもらう

報告内容を指定する

文章の生成が得意なChatGPTでは、日報をはじめあらゆる報告書を作成することができます。以下は、研修報告書をChatGPTに依頼し、作成してもらった例です。報告書に必要な要素として、研修日時や場所、内容などを指定します。また、報告書は簡潔な文章であることが求められるため、文字数を指定（P.62参照）しておくのもよいでしょう。

HI 以下の内容に従って、研修報告書を作成してください。

・報告者：高杉健一
・研修日時：6月23日金曜日の13時から17時
・研修場所：本社ビル7階
・研修内容：情報セキュリティについて学ぶ。セキュリティ事故が起こりそうな事案について説明があった。

報告内容を具体的に指定します。

【研修報告書】

報告者: 高杉健一
研修日時: 6月23日金曜日の13時から17時
研修場所: 本社ビル7階

研修内容:
この報告書では、6月23日に行われた情報セキュリティ研修について報告します。研修では、セキュリティ事故が起こりそうな事案について学ぶ機会が与えられました。

研修は、本社ビル7階で開催されました。以下に、研修の詳細内容と学んだ内容について報告します。

1. 研修の詳細
   - 日時: 6月23日金曜日の13時から17時
   - 場所: 本社ビル7階
   - 参加者: 高杉健一氏を含む複数の社員

032 履歴書を作ってもらう

学歴や職務内容を指定する

履歴書に必要となるおおまかな情報を指定すると、ChatGPTに履歴書のサンプルを作成してもらうこともできます。以下は、学歴と職務経歴、これまでの仕事で経験した職務内容を指定して、ChatGPTに履歴書のサンプルを作成してもらった例です。さらに、現在の仕事の職務内容や役職、最近の実績・成果のほか、今後のキャリアプランや目標も情報として追加すると、より具体的な回答を得ることができます。

ただし、ChatGPTでは、入力した個人情報もAIによる機械学習のデータとして収集されます（P.162参照）。特定されてしまうような個人情報の入力は避けて、必要最小限に抑えることがベストです。

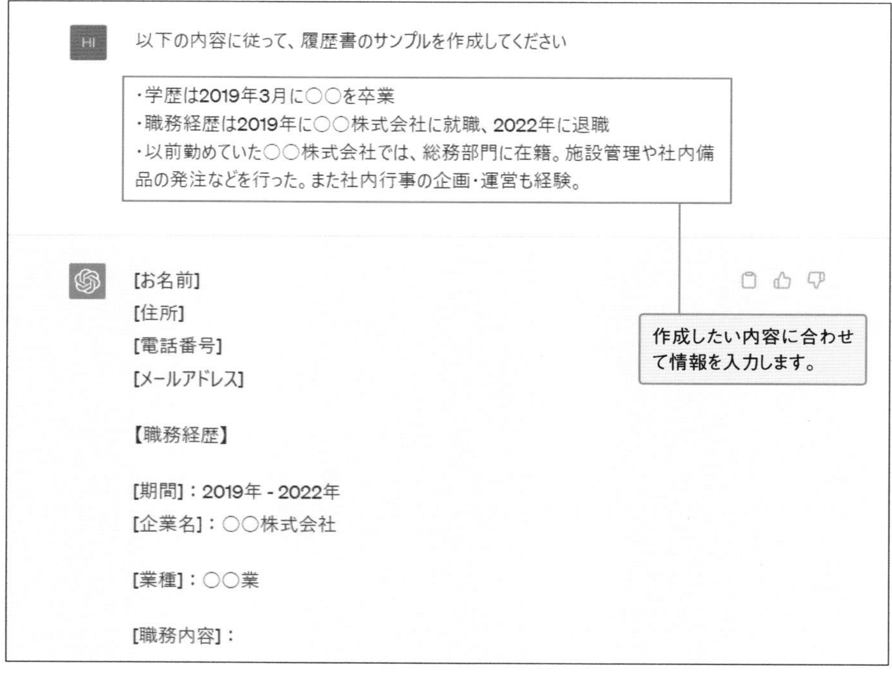

志望動機や自己PRの下書きを作成できる

ChatGPTに、志望動機や自己PRの下書きを作成してもらうことも可能です。志望動機であれば、志望先がどのような企業か指定します。自己PRであれば、自分の強みを伝えたうえで、根拠となる具体例を指定すると、それぞれ下書きを作成してもらえます。文字数を指定したい場合は、P.62を参照してください。ただし、作成された文章は実際の事実とは異なっていたり、内容が不自然な部分もあったりするため、必ず自分で推敲してから履歴書で使うようにしましょう。

HI

あなたは転職活動中の求職者です。食品業界で加工技術力を強みとする△△社の商品企画職に応募を検討しています。履歴書に記載する志望動機を「新商品の企画」を含めて、作成してください。

志望動機を指定します。

私は食品業界での加工技術力を強みとする△△社の商品企画職に応募を検討しています。以下は、履歴書に記載するための志望動機です。

志望動機：
私は食品業界における新商品の企画に強い興味と情熱を抱いており、そのために△△社の商品企画職に応募したいと考えています。△△社は加工技術力を強みとし、多様な食品商品を提供していることから、私のスキルと経験を活かしながら新たな価値ある商品を企画・開発できる環境が整っていると感じています。

加工技術力を持つ食品業界において、消費者のニーズや市場のトレンドは常に変化しています。私はこのような環境で、新たな商品の企画に取り組むことで市

HI

私の強みは「チーム内で起きた問題に対して、解決策を考え、行動できる主体性」です。大学時代にサークル内で起こったトラブルを具体例に含めて、自己PRを作成してください。

自分の強みを指定します。

私の強みは、チーム内で起きた問題に対して積極的に解決策を考え、行動する主体性です。大学時代に所属していたサークルでの経験が、この強みを発展させる機会となりました。

ある時、私たちのサークルは大きなイベントを企画していました。しかし、イベントの進行に関する意見の相違や、資金調達の難しさなど、多くの問題が浮上しました。このような状況で私は、主体的に解決策を模索し、チームをまとめる役割を果たしました。

033 書類のテンプレートを作ってもらう

さまざまな書類のテンプレートを作成できる

ChatGPTに書類のテンプレートを作成してもらうことで、1から書類を作成する手間を省くことができます。どのような状況で使う、どんな書類かを指定することがポイントです。書類の種類ごとに欠かせない要素をすぐに洗い出し、書類のテンプレートとして作成されるので、業務の効率化にもつながります。もちろん、あくまでもテンプレートであるので、項目の取捨選択を行ったり、独自で必要な項目については別途追加したりするとよいでしょう。ここでは、社内用の企画書と社外用の貸出機材申請書のテンプレートをそれぞれ作成してもらいました。

HI

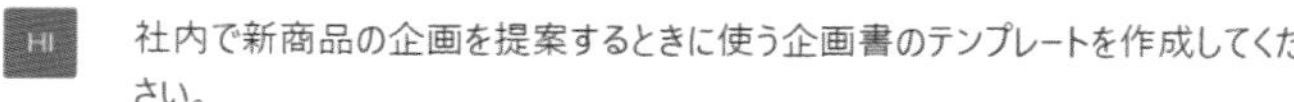

社内で新商品の企画を提案するときに使う企画書のテンプレートを作成してください。

以下は、新商品の企画書の一般的なテンプレートです。企画書の内容はプロジェクトや会社によって異なる場合がありますので、必要に応じてカスタマイズしてください。

[企画書のタイトル]

1. 概要
   - 新商品の概要を簡潔に説明します。商品の特徴や利点、目的などを明確に述べましょう。
2. 市場分析
   - ターゲット市場の現状とトレンドを分析します。需要の動向や競合他社の商品の状況を調査し、市場のニーズや機会を明らかにします。
3. 目標設定
   - 新商品に対する具体的な目標を設定します。売上目標、市場シェアの拡大、ブランド認知度の向上など、達成したい結果を定量的に表現しましょう。

自分で入力する項目と内容が表示されます。

社外への貸出機材申請書のテンプレートを作成してください。

[貸出機材申請書]

[日付: __________]

[貸出元会社名]
[住所]
[電話番号]

[貸出先会社名]
[住所]
[電話番号]

貸出元会社名と貸出先会社名は、以下のような貸出機材申請を提出します。

貸出機材の詳細:

1. 機材名: __________
2. 機材型式: __________
3. 機材番号: __________
4. 貸出日時: __________
5. 返却日時: __________
6. 貸出目的: __________

貸出条件:

1. 貸出料金: __________
2. 保証金: __________
3. 責任範囲: __________

入力する項目が表示されます。

貸出機材の使用目的と予定される活動の詳細:

[ここに使用目的と予定される活動の詳細を記入してください。]

貸出元会社は、貸出機材の状態や損傷について責任を持ちます。貸出先会社は、貸出機材を適切に使用し、損傷や紛失を防止する責任を負います。

034 指定した文字数以内で文章を作成してもらう

文字数を指定する

ChatGPTでは出力内容の文字数を指定することも可能です。以下は「200文字以内」で文章を作成してもらった例です。ただ、現在のバージョンでは指定した文字数よりも長めの文章が作られることが多いようです。文字数を指定して文章の作成を依頼した場合は、適切な文字数になっているか確認するようにしましょう。

なお、ChatGPTに生成してもらえる文章は、現在のバージョンでは最大で約2,000文字程度（全角の場合）といわれています。それ以上長い文章やデータなどを得ようとすると、途中でテキストが途切れてしまいます（対処法はP.28参照）。

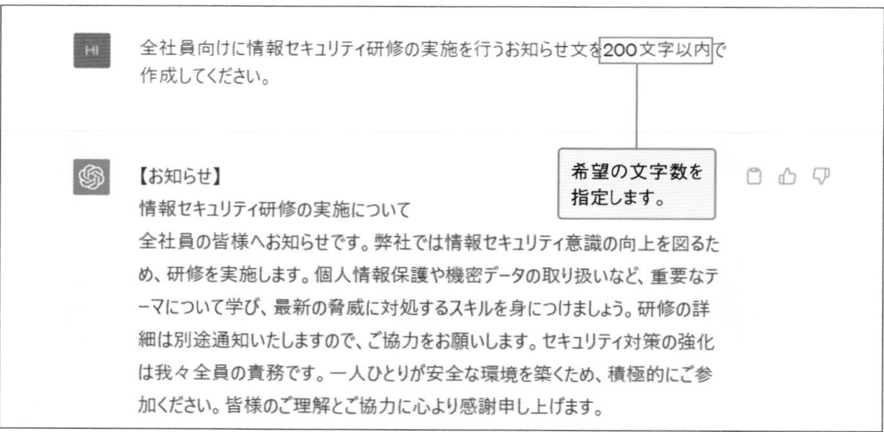

COLUMN

文字数を調整する

文字数がオーバーしている場合や、あとから文字数を調整したい場合は、続けてプロンプトに「200文字以内で収めてください。」のように入力すると、文字数の調整が行われます。

200字以内で収めてください。

件名: 全社員向け情報セキュリティ研修のお知らせ

全社員の皆様へ、情報セキュリティ研修を実施いたします。日時・場所は別途通知します。個人や組織のセキュリティ意識向上を目指し、基礎知識や対策方法を学びます。研修への参加は必須です。ご質問は情報セキュリティ部へお願いします。よろしくお願いします。

035 箇条書きから文章を作成する

箇条書きを入力する

プロンプトで「以下の箇条書きから文章を作成してください。」と箇条書きとともに入力すると、箇条書きから自然な文章を作成することができます。箇条書きは具体的な内容にすると、より希望している文章に近いものが生成されます。

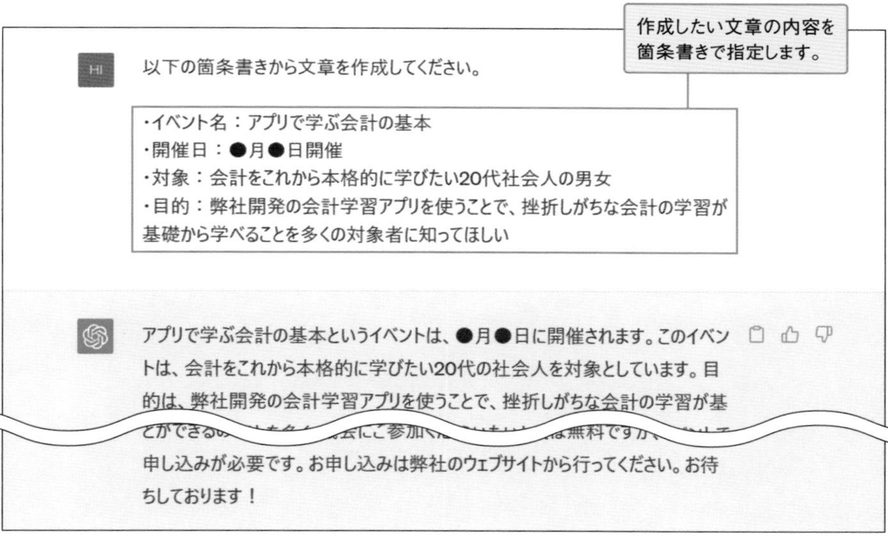

作成したい文章の内容を箇条書きで指定します。

以下の箇条書きから文章を作成してください。

・イベント名：アプリで学ぶ会計の基本
・開催日：●月●日開催
・対象：会計をこれから本格的に学びたい20代社会人の男女
・目的：弊社開発の会計学習アプリを使うことで、挫折しがちな会計の学習が基礎から学べることを多くの対象者に知ってほしい

アプリで学ぶ会計の基本というイベントは、●月●日に開催されます。このイベントは、会計をこれから本格的に学びたい20代の社会人を対象としています。目的は、弊社開発の会計学習アプリを使うことで、挫折しがちな会計の学習が基

申し込みが必要です。お申し込みは弊社のウェブサイトから行ってください。お待ちしております！

COLUMN

文章を箇条書きで書いてもらう

出力される文章が長過ぎて内容がわかりづらい場合は、箇条書きで回答してもらうように指定できます。また、すでに出力された回答であっても、続けて「箇条書きにしてください。」と入力することで、文章を箇条書きに修正して再出力してもらうことが可能です。

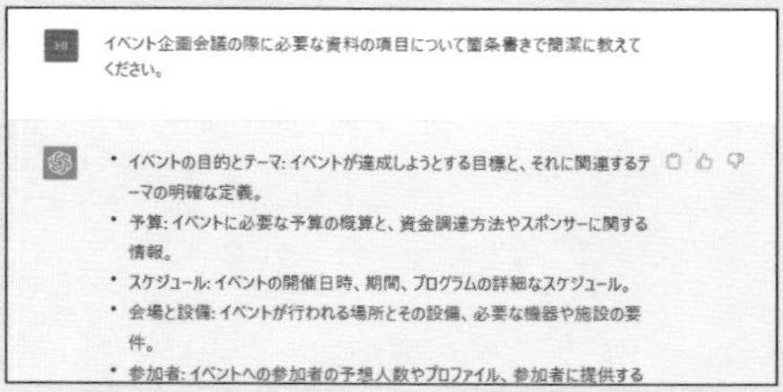

イベント企画会議の際に必要な資料の項目について箇条書きで簡潔に教えてください。

- イベントの目的とテーマ: イベントが達成しようとする目標と、それに関連するテーマの明確な定義。
- 予算: イベントに必要な予算の概算と、資金調達方法やスポンサーに関する情報。
- スケジュール: イベントの開催日時、期間、プログラムの詳細なスケジュール。
- 会場と設備: イベントが行われる場所とその設備、必要な機器や施設の要件。
- 参加者: イベントへの参加者の予想人数やプロファイル、参加者に提供する

036 例え話を示しながら文章を作ってもらう

例え話を入れながら説明してもらう

ChatGPTは、質問した事柄に対して例え話を入れながら説明をすることもできます。抽象的な概念や技術などの説明も、具体的な例にまで落とし込んで説明してもらうことで、よりわかりやすい回答を得ることが可能です。

「VR」についてわかりやすく、例え話を示しながら説明してください。

もちろんです！仮想現実（Virtual Reality、VR）を例え話を使って説明しましょう。

想像してみてください。あなたは日常生活から離れ、まるで別の世界に入り込んでいるような感覚を持つことができるとします。それがVRです。

VRは、特殊なヘッドセットやコントローラーを使って、現実の世界をシミュレートすることで、没入感のある体験を提供します。あたかもあなたがその世界に実際に存在しているかのように感じられます。

例えば、森の中にいると想像してみてください。普段はコンピュータの前に座っているかもしれませんが、VRヘッドセットを装着すると、あなたはまるで本当の森の中に立っているかのような感覚を味わえるのです。木々の葉音や風の音が聞こえ、目の前には広がる美しい景色が広がります。そして、自分の手や体を見ると、VR上の体験に応じたアバター（仮想的な自分）が表示されるかもしれません。

例え話で説明してくれます。

このように、VRは私たちの五感を刺激し、現実世界とは異なる体験を提供します。例えば、映画館で映画を見るのとは異なり、VRではあなたが映画の主人公

COLUMN

さまざまな例えで回答してくれる

上記のほかにも、「実例で示しながら」や「具体例を示しながら」「擬人化で説明して」「童話に例えて説明して」といったような質問でも回答してくれます。

037 ダミーデータを作ってもらう

データの条件を指定する

ChatGPTで、システムのテスト運用やWebサイトの入力フォーム作成、サンプル資料の作成などに利用するダミーデータを作成してもらうことができます。時間をかけず、また偏りのないデータをすばやく作成できます。

ダミーデータの条件として、名前の場合は文字数、国籍、性別などを指定し、年齢は何歳以上、何歳以下かなど、パスワードの場合は文字数、半角／全角、大文字／小文字、数字や記号を何文字含むかなど、それぞれ希望要素を指定します。

HI 以下の条件を含むダミーデータを50個作成してください。
・2文字以上8文字以下の日本人の名前（男女半々）
・18以上50以下の数値（年齢）

ダミーデータの条件を具体的に指定します。

以下は、指定された条件に基づいて生成された50個のダミーデータの例です。

1. 名前: 田中 幸子, 年齢: 25
2. 名前: 山田 太郎, 年齢: 32
3. 名前: 高橋 真理子, 年齢: 41
4. 名前: 佐藤 健太, 年齢: 20
5. 名前: 中村 由香, 年齢: 29
6. 名前: 伊藤 裕子, 年齢: 48
7. 名前: 山口 健太郎, 年齢: 30

COLUMN

出力形式を指定する

出力したダミーデータを、WordやExcelなどで使いたい場合は、プロンプトで「表組で出力してください。」のように、出力形式を指定します。

以下は、生成された50個のダミーデータを表形式で出力したものです。

名前	年齢
田中 幸子	25
山田 太郎	32
高橋 真理子	41

038 メールの挨拶文を作ってもらう

メール送信のさまざまなシーンで利用できる

メールの挨拶文作成のような面倒な作業は、ChatGPT にやってもらいましょう。ファイルの送付／受取時の挨拶文、部署移動や打ち合わせの調整、打ち合わせ前後の挨拶など、使い方はさまざまです。以下は、取引先に請求書を送付する際の挨拶文を作成してもらった例です。なお、日本語がおかしい挨拶文が出力されることもあるので、出力されたテキストはしっかり確認して、その都度修正しての利用が必須です。また、指示を出す際には機密情報を入力しないように気を付けます（P.162参照）。

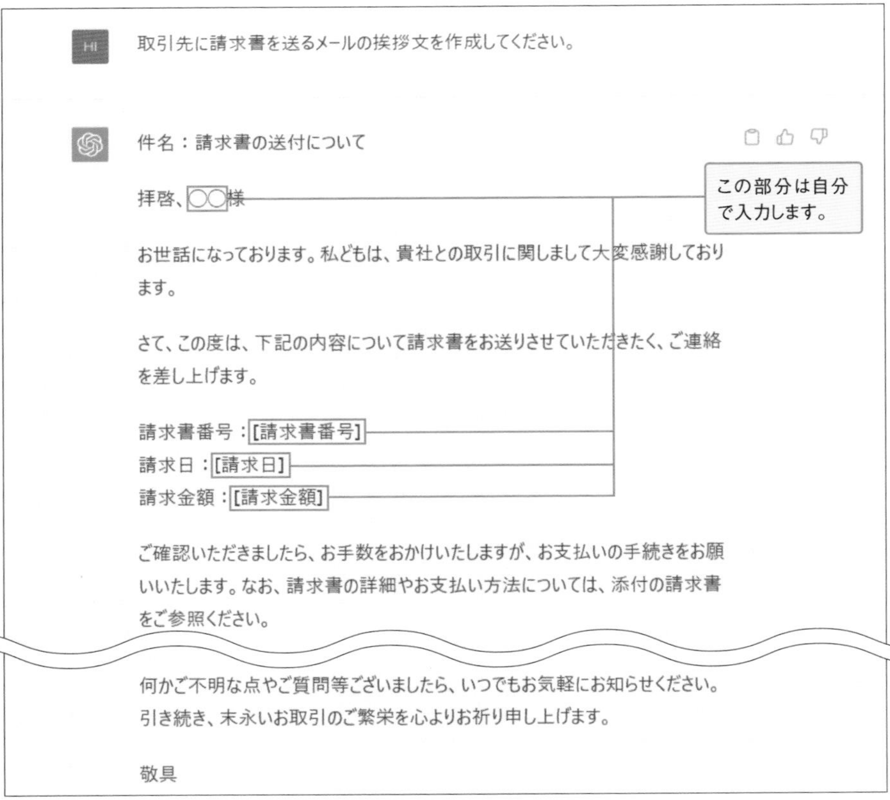

HI 取引先に請求書を送るメールの挨拶文を作成してください。

件名：請求書の送付について

拝啓、〇〇様

お世話になっております。私どもは、貴社との取引に関しまして大変感謝しております。

さて、この度は、下記の内容について請求書をお送りさせていただきたく、ご連絡を差し上げます。

請求書番号：[請求書番号]
請求日：[請求日]
請求金額：[請求金額]

ご確認いただきましたら、お手数をおかけいたしますが、お支払いの手続きをお願いいたします。なお、請求書の詳細やお支払い方法については、添付の請求書をご参照ください。

何かご不明な点やご質問等ございましたら、いつでもお気軽にお知らせください。
引き続き、末永いお取引のご繁栄を心よりお祈り申し上げます。

敬具

この部分は自分で入力します。

039 メールのお礼文を作ってもらう

お礼のメール文を作成できる

メールのお礼文の作成も、ChatGPTであればあっという間です。来社後や打ち合わせ後のお礼、上司や協力してもらった人へのお礼など、社内外問わず利用できます。また、ChatGPTで作成してもらった文章をそのまま利用するのではなく、自分の言葉で修正を加えることで、より感謝の気持ちが相手に伝わりやすくなります。1から自分で考える必要がないため、大事なメールもすばやく作成できます。

取引先に打ち合わせのお礼を伝えるメールのお礼文を作成してください。

件名: 打ち合わせのお礼

〇〇様

いつもお世話になっております。先日は貴重なお時間を割いて打ち合わせをしていただき、誠にありがとうございました。

ご提供いただいた情報やアイデアについて、私たちのプロジェクトに大いに役立つものがありました。貴重なご意見を頂戴し、大変感謝しております。

また、〇〇様の専門知識と経験に基づく的確なアドバイスは、私たちのビジネスにとって非常に有益であると考えております。今後の戦略や計画において、きっと大いに生かすことができるでしょう。

この度の打ち合わせは、私たちのビジネス関係をより一層深める絶好の機会となりました。また、今後も引き続きお力添えをいただければ幸いです。

打ち合わせ内容に応じて修正します。

再度、お忙しい中打ち合わせにご参加いただき、また貴重なご意見を頂戴しましたことを心より感謝申し上げます。今後ともより一層のご協力をお願いいたします。

何かご不明な点やご質問等ございましたら、いつでもお気軽にご連絡ください。

040 メールの謝罪文を作ってもらう

謝罪のメール文を作成できる

ChatGPTを利用して、謝罪やお詫びの文章を作成することができます。ミスや不手際が発覚した際、できる限り早く対応することが求められますが、慌てずChatGPTに依頼し、もととなる文章を作成しましょう。なお、もし問題が発生してしまった経緯が判明している場合は、その説明と対応策もメール本文に盛り込んでおくとよいでしょう。謝罪のメールはなにより迅速な対応と、誠実な態度が求められます。ChatGPTも合わせて利用することで、社内外のトラブルにも確実に対処していきましょう。

HI 会社からお客様へ謝罪の気持ちを伝えるメールの謝罪文を作成してください。

件名：お客様への謝罪とご迷惑おかけしていることに対するお詫び

この部分は自分で入力します。

拝啓、[お客様のお名前様]

私たち[会社名]から心からのお詫びを申し上げます。この度は、私たちのサービスにおいて生じた問題により、お客様にご迷惑とご不快な思いをお掛けしましたことを深くお詫び申し上げます。

お客様の信頼とサポートは、私たちにとって何よりも重要です。お客様が快適で満足いただける環境を提供することが私たちの使命であり、このような出来事が発生したことは私たちにとって大変痛恨の極みです。

私たちは現在、問題の原因を徹底的に調査しており、同様の問題が再発しないように取り組んでいます。お客様から頂戴した貴重なご意見を真摯に受け止め、改善策を迅速かつ効果的に実施してまいります。

ご迷惑をおかけしてしまったことに対して、心よりお詫び申し上げます。お客様のご理解とご容赦をいただければ幸いです。また、私たちのサービスに対する信頼を取り戻すために、今後はさらなる努力を重ねてまいります。

お客様が抱えているご不明点やご要望がございましたら、いつでもお知らせくださ

第4章

ビジネス文書の編集

041 誤字や脱字を確認してもらう

誤字や脱字を修正できる

メール内の文章や、長文の誤字や脱字をチェックしたいときには、ChatGPTを利用しましょう。文章全体の入力ミスを指摘してくれるだけでなく、文体に一貫性を持たせたり、文法を整えたりしてくれます。また、「特定の漢字をひらがなに変換する」など、独自に指定したい条件を説明し、そのあとに再チェックをお願いすることで、ルールに基づいた文章校正も可能です(P.74参照)。

しかし、すべての間違いが書き手の意図に沿って修正されるわけではないため、最後は人の目で確認を行うことも依然として必要になります。

別のテキストからコピー&ペーストして入力します。

以下の文章の誤字・脱字を修正してください。

プログラミングは、コンピュータに特定のタスクや処理を実行させるための指示を作成するための活動やプロセスです。具体的には、プログラミング言語を使用してコンピュータに命令を伝え、それに従って必要な計算や操作を行わせることができ。
プログラミングをするためには、まず問題や目標を理解し、それを解決するためのアルゴリズム（手順や手法）を設計します。次に、選んだプログラミング言語を使って、、アルゴリズムをコンピュータが理解できる形式に変換します。プログラムの記述は、文法や構文ルールに従って行われます。
プログラミングを学ぶと、自分のアイデアを具体化したり、問題を解決したりするためにコンピュータを活用できるようになります。さまざまなプログラムやアプリケーションの開発、ウェブサイトの構築、データの解析や処理など、さまざまな領域で活用さ

プログラミングは、コンピュータに特定のタスクや処理を実行させるための指示を作成するための活動やプロセスです。具体的には、プログラミング言語を使用してコンピュータに命令を伝え、それに従って必要な計算や操作を行わせることができます。

プログラミングをするためには、まず問題や目標を理解し、それを解決するためのアルゴリズム（手順や手法）を設計します。次に、選んだプログラミング言語を使って、アルゴリズムをコンピュータが理解できる形式に変換します。プログラムの記述は、文法や構文ルールに従って行われます。

プログラミングを学ぶと、自分のアイデアを具体化したり、問題を解決したりするた

誤字・脱字が修正されて出力されます。

042 英文のスペルミスを確認してもらう

英文のスペルミスを修正できる

ChatGPTは、AI技術によって人間と変わらない自然な会話ができるほか、文章を解析し、文脈から意図された単語を推測する能力を持っています。そのため、英文の文法ミスやスペルミスを確認するのに役立ちます。

スペルミスの修正は、文脈に基づいて行われるため、断片的で文脈が不明確だったり文章が長過ぎたりする場合は、見落とされることがあります。また、略語や特定の固有名詞などは、正しく修正されないことがあるため、手動で正しいスペルを入力する必要が出てきます。

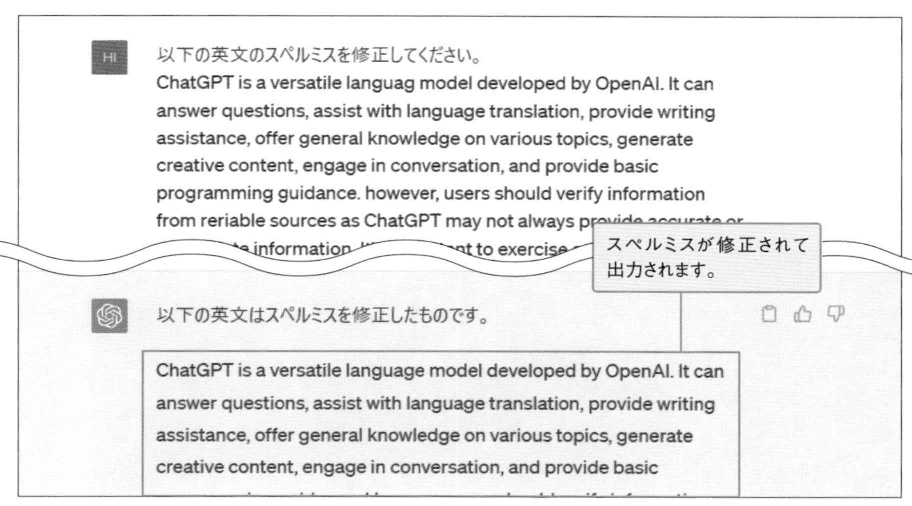

COLUMN

修正部分のみ抜き出す

「スペルミスをしている部分をピックアップして教えてください。」と入力すると、修正前と修正後のスペルが表示されます。

> 以下の部分にスペルミスがあります:
>
> - "languag" (正しくは "language")
> - "reriable" (正しくは "reliable")

043 文章をわかりやすい表現に直してもらう

わかりやすい文章にできる

知らない用語が含まれていたり、説明がわかりにくい文章は、ChatGPTに依頼して、よりわかりやすく、やさしい文章に変更してもらうことができます。

「小学生向けの文章に変更して」「専門的な単語は使わないで」などといった条件を付け足すことで、さまざまな用途に応じたわかりやすい文章を出力してもらうことが可能です。

以下の文章を、インターネット初心者でもわかるように説明してください。
ネットワークプロトコルは、コンピュータネットワーク上でデータ通信を行うための規則や手順のセットです。これは、データの送信と受信の方法、エラー検出と修復の方法、データの圧縮や暗号化など、ネットワーク上での正確なデータ転送を確保するための標準化された手法です。

わかりやすくするための条件を指定します。

ネットワークプロトコルは、データ通信を行うための基礎となるルールや手順を定義します。これにより、異なるハードウェアやソフトウェアが相互に通信できるようにな

ネットワークプロトコルは、コンピュータ同士がデータをやり取りするためのルールや手順の集まりです。これによって、データの送受信方法やエラーの検出と修復方法、データの圧縮や暗号化などが規定されます。つまり、正確にデータを送るための共通の方法が定められているのです。

ネットワークプロトコルは、コンピュータ同士が通信するための基本的なルールを定めます。これによって、異なる種類のコンピュータやソフトウェアでも互いに通信する

COLUMN

特定の単語を言い換える

「○○を別の表現に言い換えてください。」のように、複雑な文章や単語のみをピックアップして、言い換えてもらったり質問を繰り返したりすることで、異なる表現が表示され理解が深まります。

ちょっとわからなかったので、「クロスプラットフォーム」を別の表現に言い換えてください。

もちろん、では「クロスプラットフォーム」を別の表現に言い換えます。

「クロスプラットフォーム」とは、複数の異なるコンピューターやデバイス、オペレーティ

044 文体を統一してもらう

文体を指定する

文章には多様な文体やスタイルが存在します。学術論文や研究報告では学術的な文体が、新聞記事やレポートなどといったメディアで使用される文体は、簡潔で客観性のあるスタイルが好まれます。文章全体の文体を統一させることで、読みやすさや読み手の情報理解の向上につながります。

ここでは、文末が「だ・である」の文体を「です・ます」に統一するために「敬体に統一してください。」と入力しますが、文体のバリエーションはさまざまなので、希望の文体やスタイルをChatGPTに伝えて、変更してもらうこともできます(P.81～83参照)。

HI

以下の文章を確認して、敬体に統一してください。
「私はChatGPTと呼ばれるAIアシスタントだ。GPTは「Generative Pre-trained Transformer」の略で、自然言語処理の分野で優れた成果を収めてきた。私はその最新バージョンであるGPT-3.5のモデルを使用している。
私は大量のテキストデータを学習し、言語のパターンや文脈を理解することができる。これにより、質問に対して適切な回答を提供するだけでなく、会話の流れを保ちながら対話を進めることも可能。私はあくまでソフトウェアであり、人間ではないが、人間のような応答を行うことができる。
私の知識は2021年9月までの情報に基づいているため、最新の出来事やトレンドについてはお知らせいたしかねる場合がある。ただし、一般的な情報や基本的な知識については、幅広くサポートできると自負している。

文体が統一されて出力されます。

私はChatGPTと申します。GPTは「Generative Pre-trained Transformer」の略で、自然言語処理の分野で優れた成果を収めてまいりました。私はその最新バージョンであるGPT-3.5のモデルを使用しております。

私は大量のテキストデータを学習し、言語のパターンや文脈を理解することができます。これにより、質問に対して適切な回答を提供するだけでなく、会話の流れを保ちながら対話を進めることも可能です。私はあくまでソフトウェアであり、人間ではございませんが、人間のような応答を行うことができます。

私の知識は2021年9月までの情報に基づいておりますため、最新の出来事やトレンドについてはお知らせすることができかねる場合がございます。ただし、一般的な情報や基本的な知識については、幅広くサポートできる自信を持っておりま

045 表記揺れを直してもらう

統一表記を指定する

表記揺れとは、同じ言葉や表現を使用する際に、その表記や書き方が一定しないことを指します。たとえば、「会議」という単語を使う場面で、「ミーティング」「打ち合わせ」などといった似たような意味を持つ単語を乱用し、書き方がバラバラになっている状態です。読み手の混乱を防ぐためにも、ChatGPTに統一したいルールなどを提示して、表記揺れのチェックを依頼することができます。具体的なルールを挙げたほうが、修正における正確性が高まります。

以下の条件を参考に、文章の表記揺れを修正してください。
・「会議」を「ミーティング」に統一

表記の統一方法を指定します。

明日行われるミーティングの注意事項をご連絡いたします。

・時間厳守：定刻には、着席しているようにしてください。また、ミーティングへの遅刻や欠席が予想される場合は、事前に主催者に連絡してください。
・私語厳禁：会議中の私語は禁じます。議論の進行をスムーズにするために、話し手を遮らずに発言権を尊重しましょう。相手の意見に対しては敬意を持ち、建設的なディスカッションを心掛けましょう。
・スマートフォンやモバイルデバイスの利用制限: 会議中はスマートフォンやモバイルデバイスの電源を切ってください。メールやSNSのチェックなど、ミーティングに必要のない行為は避けましょう。

明日行われるミーティングの注意事項をご連絡いたします。

・時間厳守：定刻には、着席しているようにしてください。また、ミーティングへの遅刻や欠席が予想される場合は、事前に主催者に連絡してください。
・私語厳禁：ミーティング中の私語は禁止です。議論の進行をスムーズにするために、話し手を遮らずに発言権を尊重しましょう。相手の意見に対しては敬意を持ち、建設的なディスカッションを心掛けましょう。
・スマートフォンやモバイルデバイスの利用制限: ミーティング中はスマートフォンやモバイルデバイスの電源を切ってください。メールやSNSのチェックなど、ミーティングに必要のない行為は避けましょう。

046 文章を要約してもらう

文章を要約できる

ニュースの記事や、学術論文などの長い文章は、最後まで読んで理解するのに時間がかかります。しかし、ChatGPTを使用すれば、すべて読む必要はありません。要約してほしい文章を入力するだけで、文章から主要な内容や重要なポイントを抽出し、意図を損なわないように要約してくれます。

しかし、すべてのニュアンスや情報を網羅してまとめることはできません。長文や専門的な文脈においては、適切な文章の流れの維持や適切性が損なわれることがあります。

HI

以下の文章を要約してください。
ネットワークプロトコルは、コンピュータネットワーク上でデータの送受信や通信の手順やルールを定める規約や標準です。ネットワークプロトコルは、通信の信頼性やセキュリティ、データの整合性などを確保するために使用されます。

ネットワークプロトコルは、ネットワーク上でデータを送信するための通信手順
ーマットを定めます。これにより、送信側と受信側が互いに理解し合えるよう
り、データの送受信がスムーズに行われます。

要約された文章が出力されます。

ネットワークプロトコルは、データの送受信や通信の手順やルールを定める規約や標準です。これにより、データの送受信がスムーズに行われ、信頼性やセキュリティ、データの整合性が確保されます。ネットワークプロトコルは階層に分けられ、TCP/IPプロトコルスイートなどが広く使われています。さまざまなプロトコルが存在し、特定の目的や要件に応じて設計されています。ネットワークプロトコルは、インターネットや企業内のネットワークなどで使用され、データの正確な送受信や通

COLUMN

文字数を指定して要約する

「○○文字以内で要約してください。」というように文字数を指定すると、そのとおりにまとめてくれます。

ネットワークプロトコルは、データの送受信や通信の手順やルールを定める規約であり、データの信頼性やセキュリティ、整合性を確保します。TCP/IPプロトコルスイートなどの階層構造を持ち、特定の目的に合わせて設計され、インターネットや企業内ネットワークで使用されます。

047 文章から重要なポイントを抜き出してもらう

抜き出すポイントを指定する

資料や論文の文章が長過ぎて、重要なポイントがわかりにくいときは、ChatGPTを活用しましょう。「重要なポイントを抜き出してください」と指定すれば、重要なポイントが箇条書きで表示され、すべて読まなくても、内容を把握することができます。

GPT-3.5モデルは、文章の内容を理解し、主要なトピックを特定する能力を持っています。しかし、文章が長過ぎたり構成が複雑だったりすると、正確な抜粋が難しい場合があるため、内容の確認は必要です。

HI 以下の文章から重要なポイントを抜き出してください。

SEO（Search Engine Optimization）は、検索エンジン最適化とも呼ばれるデジタルマーケティングの一分野です。SEOは、ウェブサイトやウェブページが検索エンジンの検索結果で上位に表示されるように最適化するプロセスを指します。

検索エンジン（例：Google、Bing、Yahooな…
をインデックス化し、ユーザーの検索クエリに対して…

重要なポイントを箇条書きで抜き出してくれます。

重要なポイント：

1. SEO（Search Engine Optimization）は、デジタルマーケティングの一分野であり、ウェブサイトやウェブページが検索エンジンの検索結果で上位に表示されるよう最適化するプロセスを指す。
2. 検索エンジンは、インターネット上の情報をインデックス化し、ユーザーの検索クエリに対して最適な結果を提供する仕組みである。
3. SEOの目的は、検索エンジンからの有機的なトラフィックを増やすことで、広告などの支払いによるトラフィックではなく、自然な検索結果から訪れるトラフィック

COLUMN

ポイントを指定して抜き出してもらう

「以下の文章から○○に関する部分を抜き出してください。」と入力すると、文章内のあるポイントだけを抜き出してもらうこともできます。

048 文章を分析してもらう

分析してほしい内容を指定する

マーケティング分野や、カスタマーサービスの分野でも、ChatGPTの活用ができないか注目されはじめています。ChatGPTでは、自然言語処理の技術や機械学習アルゴリズムを使用して、入力されたテキストデータを分析することができ、たとえば、入力されたニュース記事を政治やスポーツなどのカテゴリ別に記事を分類したり、商品レビューが肯定的か否定的か、といった解釈をしたりすることが可能です。さらに、読書感想文などの文章を批評・採点してもらうこともできます。

HI

以下の文章を分析して、「フード」「海外」「スポーツ」「IT」のジャンル別に分類してください。
食品業界に革命が起きつつあります。人工肉と呼ばれる新しい食品が市場に登場し、その衝撃は世界中で話題となっています。人工肉は、植物ベースの材料を使用して作られた肉の代替品であり、環境への負荷を減らし、動物福祉に配慮した食事選択を提供するものです。

分類してほしいジャンルを指定します。

フード: この文章は「フード」ジャンルに分類されます。文章は食品業界の革命として人工肉の登場とその特徴について述べています。人工肉は植物ベースの材料を使用し、環境への負荷を減らし、動物福祉に配慮した食事選択を提供する肉の代替品です。

海外: この文章は「海外」ジャンルに分類されます。文章は世界中で話題となっ

COLUMN

文章を採点·評価する

文章を入力し、「5つの採点項目別に5段階で評価して表にまとめてください。」とすることで、文章を採点・評価することができます。

感想文	文法の正確性	内容	歴史に触れているか
1	4	4	5
2	5	5	4
3	5	5	5

049 文章を翻訳してもらう

翻訳してほしい言語を指定する

文章の翻訳も、ChatGPTが得意とする機能の1つです。通常、入力した言語と同じ言語で返答してくれますが、日本語・英語問わずテキストを入力して、翻訳してほしい言語を指定すると、文章を翻訳してくれます。

ChatGPTは、数百以上の言語をサポートしていますが、一部の少数言語や地域言語、古代言語に関しては対応していません。また、特定の分野における専門用語や技術用語などは、正確な翻訳が困難である場合があります。あくまで参考程度にとどめましょう。

以下の文章を日本語に翻訳してください。
Hello! I am ChatGPT, an advanced language model created b
OpenAI. Equipped with the power of artificial intelligence, I a
assist and engage in conversations with you. My primary goal is to provide helpful and accurate information on a wide range of topics. With extensive training on diverse datasets, I have acquired knowledge in various fields, including science, history, technology, literature, and more. You can ask me questions, seek explanations, and even request assistance with writing tasks. Language translation? Not a problem! I can help you with that too.
But it's important to note that while I strive to offer reliable and up-to-date information, it's always wise to verify details from trustworthy sources. Sometimes, due to the evolving nature of knowledge and

翻訳してほしい言語を指定します。

こんにちは！私はChatGPTです。OpenAIによって作成された高度な言語モデルです。人工知能の力を備えており、あなたとの対話やサポートをするためにここにいます。私の主な目標は、幅広いトピックに関して役立つ正確な情報を提供することです。

さまざまなデータセットでの豊富なトレーニングを通じて、科学、歴史、テクノロジー、文学など、さまざまな分野の知識を獲得しました。質問をしたり、説明を求めたり、ライティングのタスクのサポートを依頼したりすることができます。言語の翻訳？問題ありません！それにもお手伝いできます。

しかし、信頼性のある情報源から詳細を確認することが常に賢明です。信頼で

050 文章の続きを書いてもらう

続きを書いてほしい内容を指定する

ChatGPTは、高度な文章生成が可能なAIです。最初からすべての文章を作成してくれるだけでなく、途中まで作成された文章の続きを書いてもらうこともできます。どのような内容で続けてほしいのか、具体的なテーマや文字数を指定し、挿入してほしい情報などを提供すると、それらの指示に基づいた文章をすぐに作成してくれます。

ビジネス文書で途中までの文章しか書けていないとき、小説や記事などを書いていて、手が止まってしまったときに利用すると、手助けになるかもしれません。

以下の条件を参考に、文章の続きを書いてください。
・環境破壊問題がテーマのニュース記事
・600字程度でまとめる

続きを書いてほしい条件を指定します。

【見出し】
世界的な懸念、環境問題が深刻化　持続可能な未来に向けた取り組みが喫緊の課題となる

【本文】
近年、地球規模での環境問題が深刻化しており、持続可能な未来を築くための取り組みが喫緊の課題となっている。気候変動、生物多様性の減少、汚染問題など、環境への影響は日々拡大し、世界的な懸念を引き起こしている。

国内外での自然保護地域の拡大や適切な管理が求められている。さらに、市民の意識と行動の変革も重要である。環境保護への参加や再利用・リサイクルの促進、エコフレンドリーな生活スタイルの採用など、個人の取り組みが大きな影響力を持つ。

このような環境問題への対策を推進するためには、政府や企業、市民社会の協力が必要不可欠である。政府は法制度の整備や規制の厳格化、環境教育の強化などを通じて環境保護を推進する責任がある。また、企業は持続可能なビジネスモデルの採用や環境負荷の削減を図ることで、社会的責任を果たすべきである。

さらに、市民社会も環境NGOや地域団体を通じて積極的な関与をすることが重要である。環境保護への意識を高め、環境に配慮した選択や行動を取ることで、持続可能な未来の実現に貢献できる。

051 内容を変えずに文字数を増やしてもらう

文字数を指定する

ChatGPTを利用すれば、途中まで自分が書いた文章やすでに完成された文章の文字数を増やすことができます。具体的な情報を付け加えたり増やしたい文字数を指定したりすると、条件に沿って肉付けされます。

なお、ChatGPTが一度に出力できる文字数には制限があり、GPT-3.5の場合、文字種の組み合わせにもよりますが、日本語の全角文字だと約2,000文字となっており、英語の場合は、約4,000文字程度となっています。長文になると出力が途中で停止することがありますが、「続けて」などと入力することで解決します(P.28参照)。

HI

以下の文章を、内容を変えずにヴィーガンスイーツの効果についての情報を追加して200字程度増やしてください。
最近、グルメ界で注目されているのは、ヴィーガンスイーツと呼ばれる新たな食のトレンドです。ヴィーガンスイーツは、動物性の食材を一切使用せずに作られたスイーツでありながら、その美味しさや創造性に驚かされる人々が増えています。
ヴィーガンスイーツは、植物性の材料を駆使して作られており、大豆ミルクやアーモンドミルク、ココナッツミルクなどを代替乳として使用します。また、卵やバターの代わりにバナナやリンゴソース、アボカドなどを組み合わせることで、様々なスイーツのレパートリーを広げています。

追加してほしい情報と増やしたい文字数を指定します。

ヴィーガンスイーツは、その美味しさだけでなく、健康への効果でも注目されています。植物性の材料を主に使用するため、飽和脂肪酸やコレステロールの摂取を抑えることができます。さらに、ヴィーガンスイーツには豊富な食物繊維が含まれており、消化をサポートし腸内環境を改善する効果もあります。これにより、便秘の解消や体内の有害物質の排出が促進されます。

また、ヴィーガンスイーツに使われる植物性の材料には、抗酸化作用がある成分が多く含まれています。これにより、細胞の酸化ストレスを軽減し、若々しい肌や健康な体を保つ助けとなります。さらに、植物性の材料には抗炎症作用があるものもあり、炎症性疾患やアレルギー症状の緩和に役立つ可能性があります。

ヴィーガンスイーツは、アレルギーを持つ人や特定の食品に対する制限がある人にも適した選択肢です。乳製品や卵を含まないため、乳製品アレルギー、卵アレル

052 子ども向けの文体に直してもらう

子ども向けの文体にできる

文章やプログラムコードの作成、多言語への翻訳や対話など、ChatGPTを活用できるシチュエーションは多岐にわたりますが、文章全体の文体を特定の対象者向けに変更することもできます。以下は、子ども向けに、図書館での過ごし方についての注意事項を直してもらった例です。

また、こちらで作成した文章を入力し、文体を変えてもらうことができるほか、文章の内容と対象者を指示して、すべての文章を作成してもらうこともできます。

以下の文章を、子ども向けの文体に修正してください。
■図書館での過ごし方に関する注意事項
①静粛な環境を保ちましょう: 図書館は静かな学習や読書の場ですので、他の人々の邪魔にならないよう、大きな声で話したり、携帯電話での通話や音楽再生を避けましょう。周囲の人々の集中を妨げないように配慮しましょう。
②貴重な資料や本を大切に扱いましょう: 図書館には多くの貴重な書籍や資料があります。これらを他の人々が利用できるように保つために、本や資料を傷つけたり、紛失させたりしないように注意しましょう。また、貸出制度を遵守し、返却期限を守りましょう。
③個人のスペースや時間を尊重しましょう: 図書館では個々の学習や読書に集中するためのスペースが提供されています。他の人々の学習環境やプライバシー

「子ども向けの文体に修正」と指定します。

【図書館での過ごし方についての大切なこと】

1. おしゃべりは控えよう！
   図書館では、みんなが集中して学べるように、おしゃべりを控えましょう。大きな声で話したり、携帯電話で遊んだりすると、周りの人たちの集中が途切れてしまいます。だから、静かにしゃべったり、携帯電話の音を切ったりしようね。
2. 本を大切にしよう！
   図書館には、たくさんの素敵な本や大切な資料があります。みんなで使えるように、本や資料を傷つけたり、なくしたりしないように気をつけましょう。借りた本は返す期限も守りましょうね。そうすることで、いつでもみんなが楽しめるよ！
3. 他の人を気遣おう！
   図書館では、みんなが集中して学べるように、他の人のスペースや時間を大切

053 カジュアルな文体に直してもらう

カジュアルな文体にできる

友人や家族との会話や、SNSなどを使ったコミュニケーションでは、カジュアルな文体が適しています。カジュアルな文体でちょっとしたメッセージや手紙を送るときなどにも、ChatGPTが役立ちます。内容や宛先を指定することによって、送る相手に合った文体で文章を作成したり、もとの文章を修正したりしてくれます。「もっとくだけた感じで」などと追加すれば、より効果的な修正が可能です。 ただし、状況や相手との関係性によって使い分けることが重要です。

HI
親友に誕生日招待メールを送りたいです。以下の文章を修正してください。

対象者を指定します。

こんにちは！今月、私の誕生日パーティーを開催します。
つきましては、パーティーの詳細をご案内いたします。

日時：〇〇年〇月〇日（曜日）　午後〇時から〇時まで
場所：〇〇会場（詳細住所）

なお、ご返信は以下の連絡先までお願いいたします。
〇〇（連絡先）

皆様と楽しいひとときを過ごせることを心より楽しみにしております。
よろしくお願いいたします。

やあ！
お元気そうですか？いつもありがとう！

実は今月、私の誕生日パーティーを開催することになったんだ！
詳細は以下の通りだよ。

日時：〇〇年〇月〇日（曜日）　午後〇時から〇時まで
場所：〇〇会場（詳細住所）

返信は下記の連絡先までお願いします。
〇〇（連絡先）

054

フォーマルな文体に直してもらう

フォーマルな文体にできる

ビジネスメールや文書を書くときは、ChatGPTを参考にしてみましょう。TPOに応じて、語尾や文体をすばやく整えてくれるので、わざわざ文章を考えたり打ち込んだりせずに済みます。しかし、ところどころ不自然な表現になっていることもあるため、人の目による確認は必要です。

ビジネスにおけるコミュニケーションは、丁寧な表現や敬称の使用方法が難しい場面が多いですが、あくまで参考として活用することで時間短縮につながります。

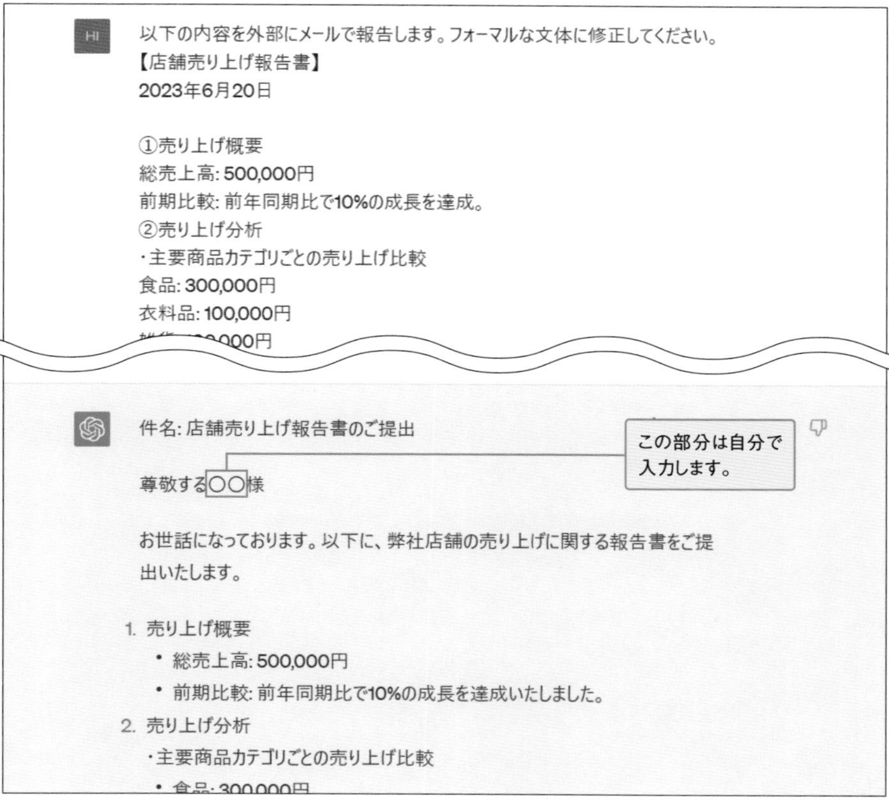

HI

以下の内容を外部にメールで報告します。フォーマルな文体に修正してください。
【店舗売り上げ報告書】
2023年6月20日

①売り上げ概要
総売上高: 500,000円
前期比較: 前年同期比で10%の成長を達成。
②売り上げ分析
・主要商品カテゴリごとの売り上げ比較
食品: 300,000円
衣料品: 100,000円

件名: 店舗売り上げ報告書のご提出

尊敬する○○様

この部分は自分で入力します。

お世話になっております。以下に、弊社店舗の売り上げに関する報告書をご提出いたします。

1. 売り上げ概要
   - 総売上高: 500,000円
   - 前期比較: 前年同期比で10%の成長を達成いたしました。
2. 売り上げ分析
   ・主要商品カテゴリごとの売り上げ比較

055 文字起こしをした議事録をまとめてもらう

議事録をまとめる

会議やインタビューなどを音声データで記録したときは、音声認識ソフトを使用して自動で文字起こしをすることもあるでしょう。ただ、機械による文字起こしでは、文法的な誤りや誤字・脱字が目立ったり、文章の流れが不自然であったりするなどの問題が起こります。そのような場合は、ChatGPTを活用するとよいでしょう。議事録全体の内容をすばやくとらえて、不適切な箇所を修正し、読みやすい文章に仕上げてくれます。さらに、追加で部分的な要約や強調を進んでしてくれるほか、要件を提示して修正を依頼することも可能です。

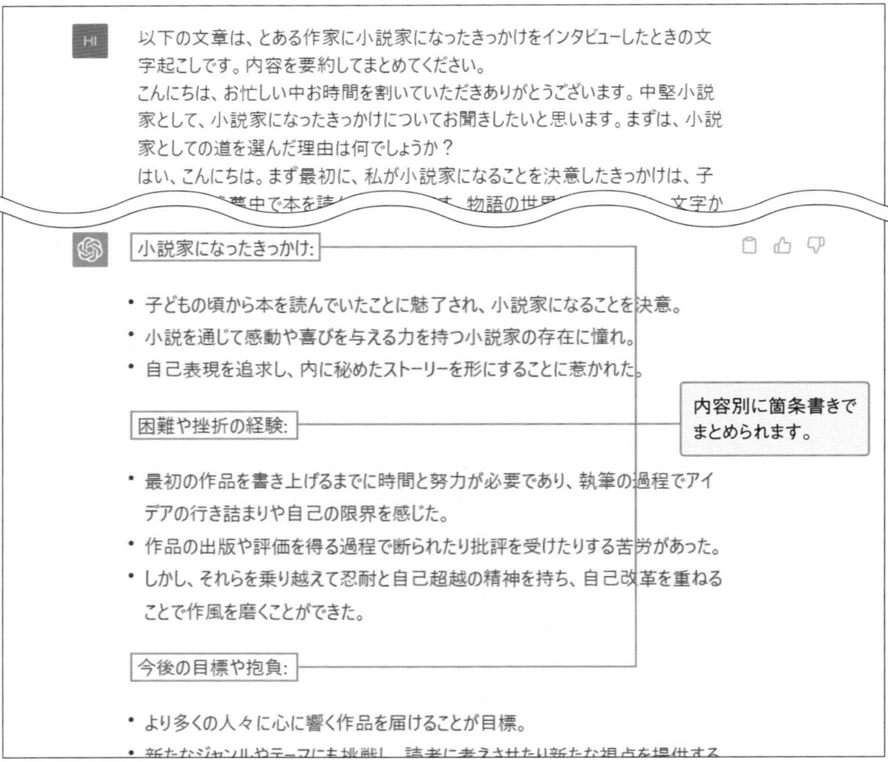

HI

以下の文章は、とある作家に小説家になったきっかけをインタビューしたときの文字起こしです。内容を要約してまとめてください。
こんにちは、お忙しい中お時間を割いていただきありがとうございます。中堅小説家として、小説家になったきっかけについてお聞きしたいと思います。まずは、小説家としての道を選んだ理由は何でしょうか？
はい、こんにちは。まず最初に、私が小説家になることを決意したきっかけは、子

小説家になったきっかけ:

- 子どもの頃から本を読んでいたことに魅了され、小説家になることを決意。
- 小説を通じて感動や喜びを与える力を持つ小説家の存在に憧れ。
- 自己表現を追求し、内に秘めたストーリーを形にすることに惹かれた。

困難や挫折の経験:

- 最初の作品を書き上げるまでに時間と努力が必要であり、執筆の過程でアイデアの行き詰まりや自己の限界を感じた。
- 作品の出版や評価を得る過程で断られたり批評を受けたりする苦労があった。
- しかし、それらを乗り越えて忍耐と自己超越の精神を持ち、自己改革を重ねることで作風を磨くことができた。

今後の目標や抱負:

- より多くの人々に心に響く作品を届けることが目標。

内容別に箇条書きでまとめられます。

056 文章から特定のキーワードを抜き出してもらう

特定のキーワードを指定する

ChatGPTは、文章から特定のキーワードや、それらに関連するワードを抜き出すことができます。ネット上の記事や本などの膨大な量の情報から調べものをしているときや、特定の単語やフレーズが文章内に記載されているのか否かを知りたいときなどに使用すると、便利です。抜き出してほしい特定のキーワードを指定すると、そのキーワードが含まれている文章を抽出し、示してくれます。

以下の文章から、特定のキーワードを抜き出してください。
キーワードは「エネルギー」です。
本論文は、地球の主要なエネルギー源に関する総合的な分析を提供します。
地球上では、さまざまなエネルギー源が存在し、私たちの社会・経済活動においても…

抜き出したいキーワードを指定します。

キーワード「エネルギー」を抜き出すと以下の文を得られます：

- 本論文は、地球の主要な**エネルギー**源に関する総合的な分析を提供します。
- 地球上では、さまざまな**エネルギー**源が存在し、私たちの社会・経済活動において重要な役割を果たしています。
- 本研究では、太陽**エネルギー**、風力**エネルギー**、水力**エネルギー**、地熱**エネルギー**、化石燃料について、それぞれの特徴、利点、課題、持続可能性について詳しく分析します。
- 太陽**エネルギー**は、太陽から放射される光や熱を利用した**エネルギー**源です。
- 太陽光発電は、太陽の光を直接電力に変換する方法であり、太陽電池パネ

COLUMN

複数の文章から共通する内容を抽出する

複数の文章を入力し、「共通する内容を抽出してください。」とすると、共通する内容が抽出されます。

共通する内容を抽出すると以下のようになります：

- 映画館の名前: スターライトシネマ、ダークライトシネマ、シルバーライクシネマ
- ノスタルジックな雰囲気: スターライトシネマとダークライトシネマは、ノスタルジックな雰囲気を持ち、来場者を魅了します。
- 未来的な要素: スターライトシネマとシルバーライクシネマは、未来的な要素を取り入れています。スターライトシネマでは、1980年代のSF映画やレトロなロボットの要素を取り入れ、シルバーライクシネマでは、近未来的なハイテクノロジーを活用した内装が特徴です。

057 置換作業を行ってもらう

置換の条件を指定する

置換とは、特定の単語やフレーズを別の表現に置き換えることです。「Word」や「PowerPoint」などのアプリケーションで、置換作業を行うことができますが、ChatGPTでも可能です。

文章内にある単語や数字をひとつひとつ修正していく作業は、非常に手間がかかるだけでなく、見落としやすいです。しかし、ChatGPTを利用すれば、対象の文章や数字などを入力し、「○○を【】で囲んで」「"ミーティング"を"会議"に置き換えて」などと条件を指示するだけで、一気に別の表現に置き換えてくれます。

以下の条件で置換作業を行ってください。
・数字を【】で囲む

置換してほしい条件を具体的に指定します。

■プレゼンテーションのステップ
1　目的の明確化: プレゼンテーションの目的を明確に定めましょう。どのような情報を伝えたいのか、どのような結果を得たいのかを明確にすることが重要です。
2　聴衆の分析: プレゼンテーションを行う前に、聴衆の特性や関心事を分析しましょう。聴衆が誰であり、彼らの期待やニーズは何かを理解することは、プレゼンテーションの内容やアプローチを適切に調整する上で重要です。
3　論理的な構成: プレゼンテーションは論理的に構成されるべきです。導入、本文、結論といった基本的な構造を持ち、情報を整理して伝えるためのフレームワークを作りましょう。論理的な流れは聴衆の理解を促し、メッセージの伝達効果を高めます。

【1】目的の明確化: プレゼンテーションの目的を明確に定めましょう。どのような情報を伝えたいのか、どのような結果を得たいのかを明確にすることが重要です。
【2】聴衆の分析: プレゼンテーションを行う前に、聴衆の特性や関心事を分析しましょう。聴衆が誰であり、彼らの期待やニーズは何かを理解することは、プレゼンテーションの内容やアプローチを適切に調整する上で重要です。
【3】論理的な構成: プレゼンテーションは論理的に構成されるべきです。導入、本文、結論といった基本的な構造を持ち、情報を整理して伝えるためのフレームワークを作りましょう。論理的な流れは聴衆の理解を促し、メッセージの伝達効果を高めます。
【4】メッセージの重点化: プレゼンテーションで伝えたい主要なメッセージやポイントを明確にしましょう。聴衆が持ち帰るべき重要な情報を強調することで、メッセ

第 5 章

アイデア出しでの活用

058 1人ブレストでアイデアを出し合う

ChatGPTとブレインストーミングをする

通常は複数人でアイデアを出し合うブレインストーミング（ブレスト）も、ChatGPTを利用すれば1人で行うことができます。ブレストのコツは、質よりも量を重視してとにかく多くのアイデアを出していくことです。それらを整理したり組み合わせたり発展させたりすることで、よりよいモノ・コトを生み出すことができます。

ここでは、例として「ギフトに特化したWebサイトのタイトル」についてのアイデアを出し合います。「ギフト」という漠然としたテーマであっても、ChatGPTは以下のように複数のアイデアを出してくれました。カタカナのタイトルもよいですが、少し堅いクールな印象を受けるため、柔らかい印象のタイトルを再提案してほしいとお願いしてみます。ChatGPTは入力内容が具体的であるほど正確な回答を返してくれるため、このように自分の感想やイメージを言語化して伝えることで、より理想に近いアイデアを期待できます。

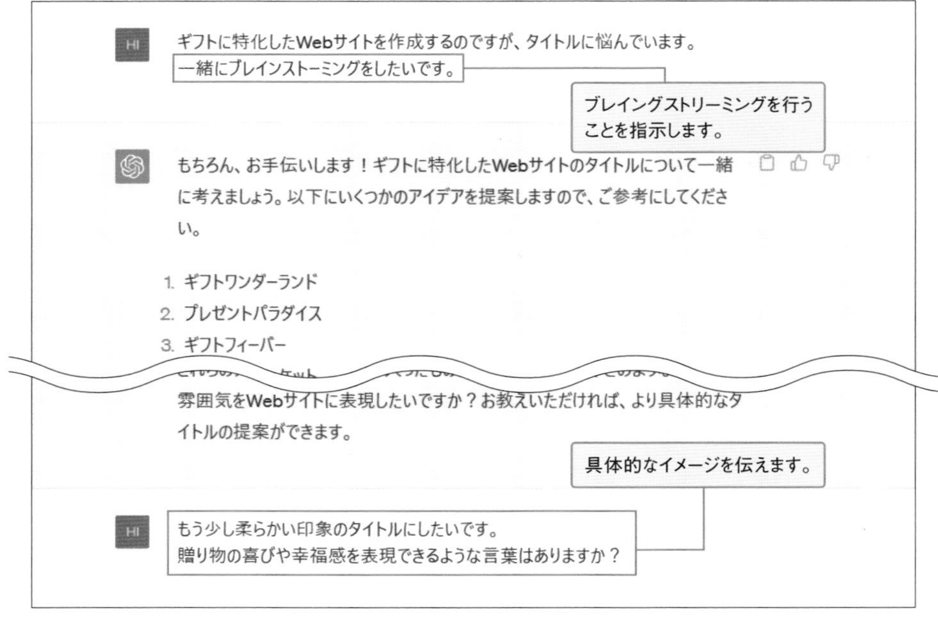

ChatGPTの回答は以下のとおりです。ブレストのため、もちろんこちらからもアイデアをChatGPTに投げてみると、とてもよい案を揃えてくれました。ここから組み合わせる言葉の順序や表現方法を変えるだけでも、さらにバリエーションを増やすことができるでしょう。なお、これらの候補を実際に使用する前に、すでに世の中に出回っているモノ・コトに類似していないかの確認は必須です。

仕事や趣味などでアイデア出しに煮詰まったときは、このようにChatGPTに意見をもらいながら、どんどん発想をブラッシュアップしていきましょう。

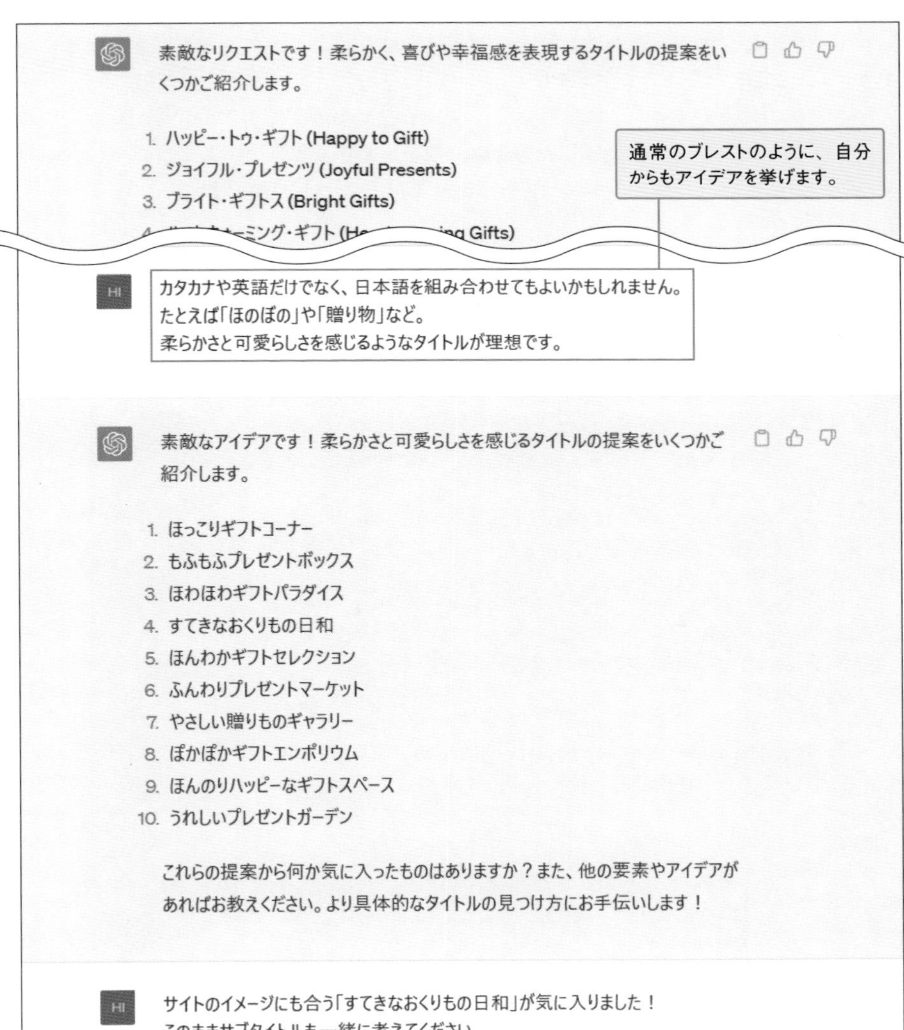

059 アイデアをたくさん考えてもらう

アイデアを複数考えてもらう

たとえばテーマが決まった記事を作成しなければいけないとき、そのテーマの何にスポットを当てるべきか、なかなかアイデアが浮かばないことがあると思います。そんなときには、ChatGPTにアイデアを出してもらいましょう。

ここでは、以下のように「北海道をテーマにした記事のアイデア」を考えてもらいました。たくさんのアイデアがほしい場合は、数を指定するとよいでしょう。気に入ったアイデアが出たら、その中の1つをさらに掘り下げることも可能です。

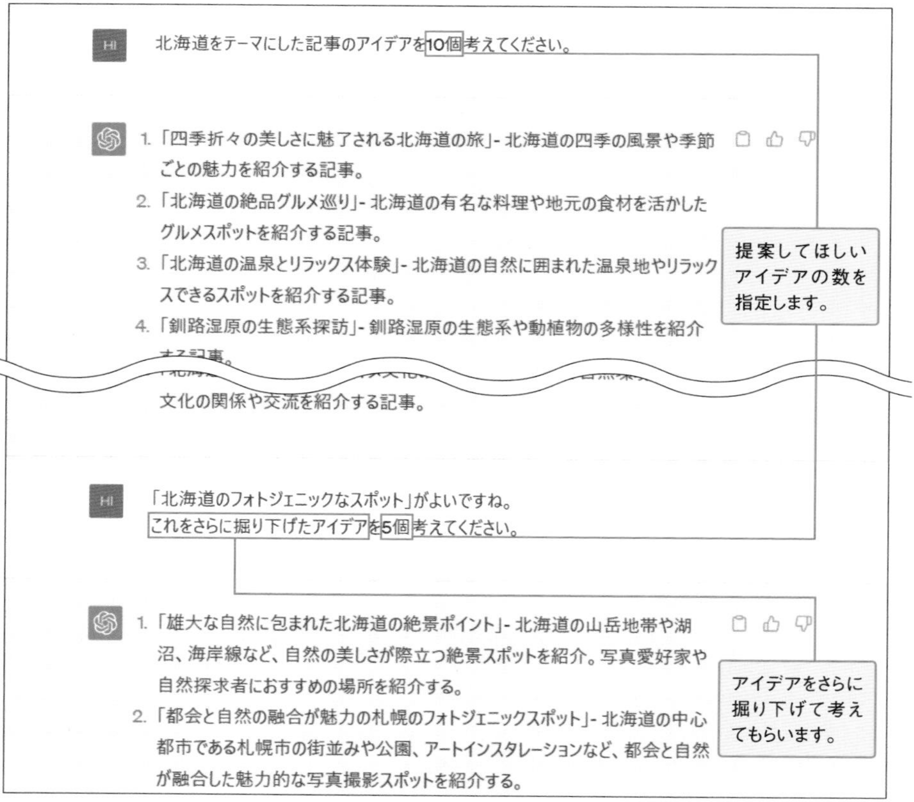

HI 北海道をテーマにした記事のアイデアを10個考えてください。

1. 「四季折々の美しさに魅了される北海道の旅」- 北海道の四季の風景や季節ごとの魅力を紹介する記事。
2. 「北海道の絶品グルメ巡り」- 北海道の有名な料理や地元の食材を活かしたグルメスポットを紹介する記事。
3. 「北海道の温泉とリラックス体験」- 北海道の自然に囲まれた温泉地やリラックスできるスポットを紹介する記事。
4. 「釧路湿原の生態系探訪」- 釧路湿原の生態系や動植物の多様性を紹介する記事。

文化の関係や交流を紹介する記事。

提案してほしいアイデアの数を指定します。

HI 「北海道のフォトジェニックなスポット」がよいですね。
これをさらに掘り下げたアイデアを5個考えてください。

1. 「雄大な自然に包まれた北海道の絶景ポイント」- 北海道の山岳地帯や湖沼、海岸線など、自然の美しさが際立つ絶景スポットを紹介。写真愛好家や自然探求者におすすめの場所を紹介する。
2. 「都会と自然の融合が魅力の札幌のフォトジェニックスポット」- 北海道の中心都市である札幌市の街並みや公園、アートインスタレーションなど、都会と自然が融合した魅力的な写真撮影スポットを紹介する。

アイデアをさらに掘り下げて考えてもらいます。

060 アイデアのメリットやデメリットを出してもらう

メリットやデメリットを挙げてもらう

アイデアを形にするためには、それに関連する問題を探すことが重要です。自分のアイデアを他人に発表する前に、ChatGPTにも意見を聞いてみましょう。

ChatGPTの回答は肯定的な場合がほとんどですが、「メリットとデメリットを挙げてほしい」と入力すれば、しっかりと忖度のない意見を出してくれます。苦労して考えた点を褒めてくれたり、自分では気が付かなかったような些細な点を指摘してくれたりすることもあるでしょう。メリットがあればそれをさらに伸ばすアイデアを、デメリットがあればそれを改善するアイデアを考えてもらうこともできます（P.92参照）。

もちろん、他人（ChatGPT）の意見に左右されないことも大切です。納得できる意見をうまく取り入れていきましょう。

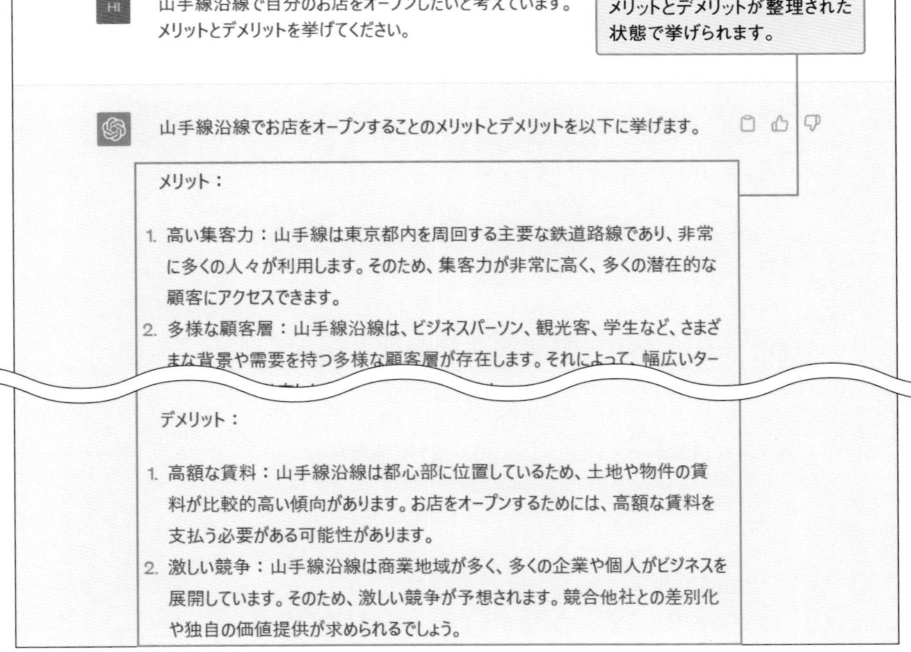

061 アイデアの改善案を考えてもらう

アイデアの改善案を考えてもらう

P.91のように、自分のアイデアに対してChatGPTにメリットとデメリットを挙げてもらったら、次はデメリットに対する改善案を考えてもらいましょう。デメリットを補うための新しいアイデアが浮かんだり、デメリットを逆にメリットに昇華させたりできる可能性もあります。発想次第でデメリットはいろいろな方向に形を変えることができるため、たくさんChatGPTと相談してみることをおすすめします。企画書（P.48～49参照）やキャッチコピー（P.100参照）、製品名（P.101参照）などを作る際にも役立つので、ぜひ活用してみましょう。

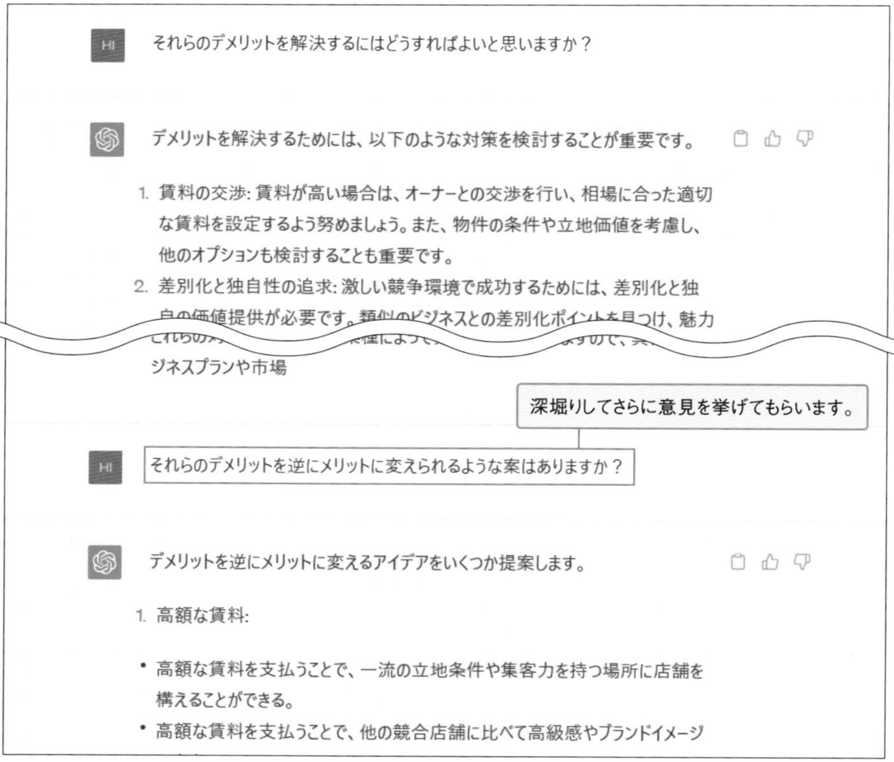

HI それらのデメリットを解決するにはどうすればよいと思いますか？

デメリットを解決するためには、以下のような対策を検討することが重要です。

1. 賃料の交渉: 賃料が高い場合は、オーナーとの交渉を行い、相場に合った適切な賃料を設定するよう努めましょう。また、物件の条件や立地価値を考慮し、他のオプションも検討することも重要です。
2. 差別化と独自性の追求: 激しい競争環境で成功するためには、差別化と独自の価値提供が必要です。類似のビジネスとの差別化ポイントを見つけ、魅力

ジネスプランや市場

深堀りしてさらに意見を挙げてもらいます。

HI それらのデメリットを逆にメリットに変えられるような案はありますか？

デメリットを逆にメリットに変えるアイデアをいくつか提案します。

1. 高額な賃料:

- 高額な賃料を支払うことで、一流の立地条件や集客力を持つ場所に店舗を構えることができる。
- 高額な賃料を支払うことで、他の競合店舗に比べて高級感やブランドイメージ

062 記事の目次を作ってもらう

記事の目次を作成してもらう

Web記事やブログ、書籍などにおいて読者の関心を引き付けるためには、明確な構成が求められます。構成が優れていれば、全体の情報の整理がしやすくなり、読者の興味や理解度が向上するからです。そのように重要な目次を、ChatGPTに作ってもらいましょう。

ここでは記事のテーマを入力し、目次を作成するよう依頼してみます。このとき、読者層や使用したいキーワードなどが決まっている場合は、一緒に入力するとよいでしょう。すると、以下のように論理的なつながりを意識した一貫性のある目次を提案してくれました。取捨選択や並び替えなどはもちろん必要ですが、ChatGPTは入力情報に関連するセクションやサブトピックの構築が得意であることがわかります。

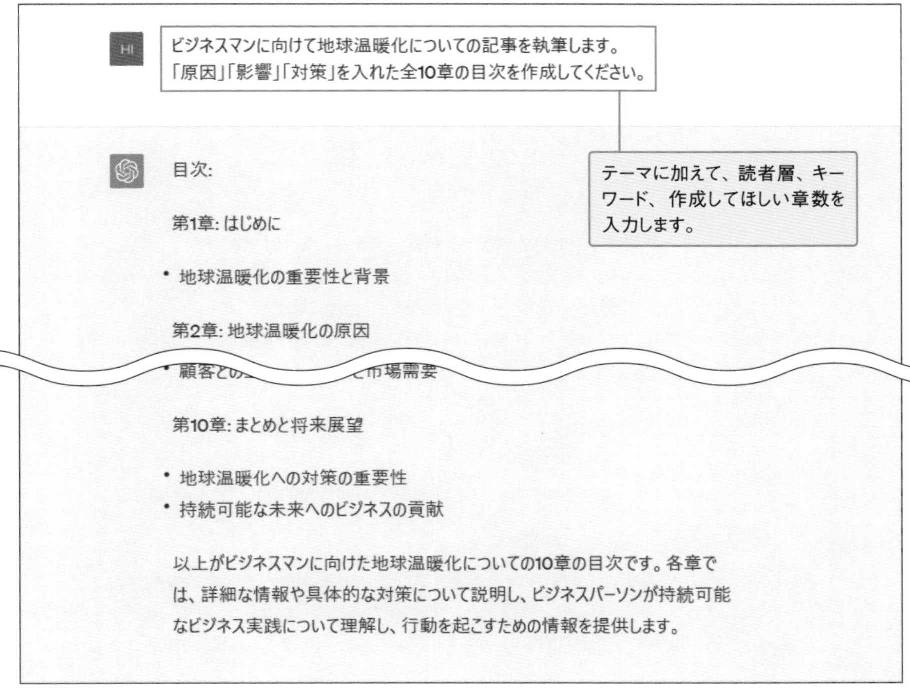

063 記事のアウトラインを作成してもらう

記事のアウトラインを作成してもらう

完成した目次をもとに、各セクションの詳細な内容をいざ執筆しようと思っても、情報の整理や文章の構成には時間と労力がかかります。その負担を軽減するために、ChatGPTに記事のアウトラインを作成してもらいましょう。

ここでは、以下のようにP.93で作成した目次から第1章のアウトラインを作成するよう依頼しました。あとは提案されたアウトラインに沿って文章を肉付けしていくだけです。

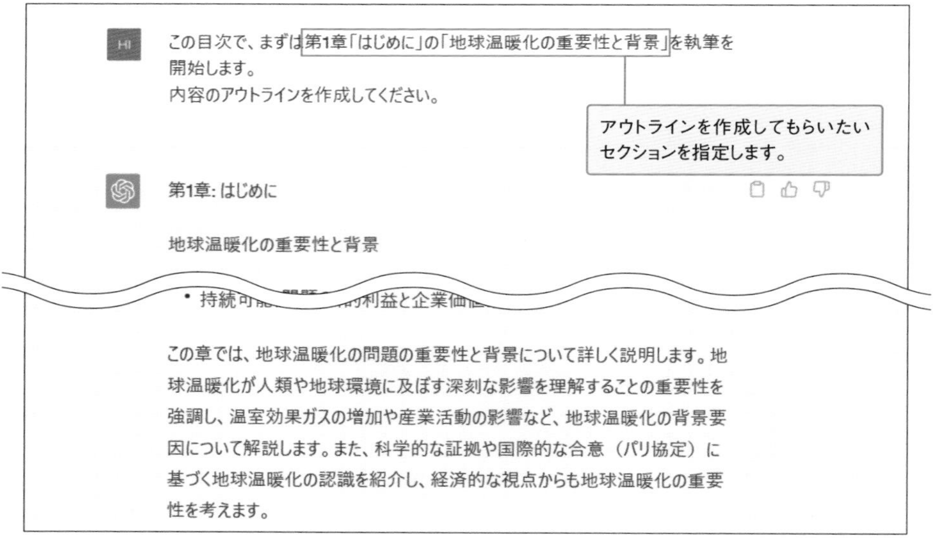

HI

この目次で、まずは第1章「はじめに」の「地球温暖化の重要性と背景」を執筆を開始します。
内容のアウトラインを作成してください。

アウトラインを作成してもらいたいセクションを指定します。

第1章: はじめに

地球温暖化の重要性と背景

- 持続可能…利益と企業価値…

この章では、地球温暖化の問題の重要性と背景について詳しく説明します。地球温暖化が人類や地球環境に及ぼす深刻な影響を理解することの重要性を強調し、温室効果ガスの増加や産業活動の影響など、地球温暖化の背景要因について解説します。また、科学的な証拠や国際的な合意（パリ協定）に基づく地球温暖化の認識を紹介し、経済的な視点からも地球温暖化の重要性を考えます。

COLUMN

統計データなども提供できる

ChatGPTは、テーマに関連する情報や具体的な事例のほかに、統計データなどの提供も可能です。しかし、引用を許可していないデータが含まれている場合もあるため、データの数値などをWeb検索し、引用元を事前に確認するようにしましょう。

064 ビジネスフレームワークを使ってアイデアを出してもらう

ビジネスフレームワークを使う

ビジネスフレームワークとは、ビジネスの戦略や目標を明確化し、アイデアを整理・発想するためのツールのことを指します。ChatGPTでも、このフレームワークを使った回答を作成してもらうことができます。本書では、ChatGPTで「5W1H」「6W2H」「PDCA」「形態分析法」「マトリックス法」「親和図法」「オズボーンのチェックリスト」「SCAMPER法」「イエスアンドゲーム」などが利用できることを確認しました。たとえば「動画配信サービスの新しいアイデアをマトリックス法を使って考えてください。」と質問してみると、以下のような回答が出力されます。フレームワークを利用してのインスピレーションをChatGPTに求めることで、思わぬユニークなアイデアが出てくるかもしれません。

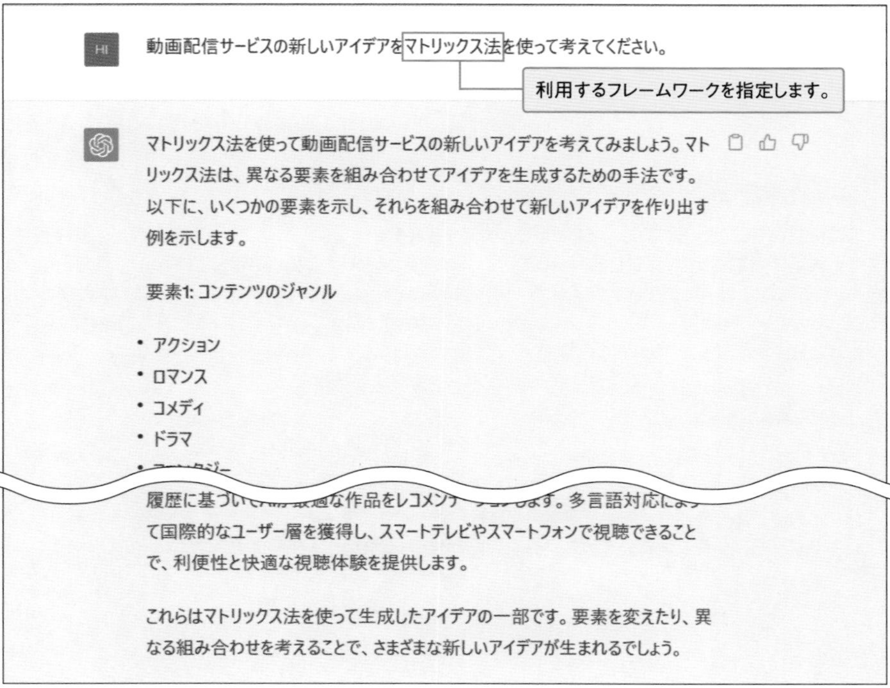

COLUMN

アイデア出しに使えるビジネスフレームワーク

P.95ではビジネスフレームワークについて紹介しました。ここでは、ChatGPTで利用できる主なビジネスフレームワークについて具体的に紹介します。

形態分析法

「形態分析法」は、問題解決やアイデア創出のために使用される手法です。テーマや問題を明確に定義し、それを構成する要素や特性を特定したら、それぞれの要素を個別に考え、可能な組み合わせを作成します。これにより、潜在的な解決策やアイデアの数が増え、新たな視点や創造的な解決方法が見つかることがあります。新規事業や新商品のアイデア、マーケティングキャンペーン、サービス改善などの要素分析を、ChatGPTに回答してもらうことが可能です。

マトリックス法

「マトリックス法」(P.95参照)は、情報の整理や評価、意思決定などを手助けするために使用される手法です。異なる要素や変数を行と列に表現した行列(マトリックス)を使用し、相互関係を可視化することで、戦略的な判断や優先順位付けができるようになります。ChatGPTでは、新商品やプロジェクトのアイデア、マーケティングのチャネルやパートナーシップの策定などのアイデア出しや評価などに適しています。

オズボーンのチェックリスト

「オズボーンのチェックリスト」は、アイデアの多様性や視点拡大を図るために使用される手法です。対象を「転用」「応用」「変更」「拡大」「縮小」「代用」「再配置」「逆転」「結合」の9つの要素(チェックリスト)から考え、新たなアイデアを生み出すことができます。ChatGPTでは、新規事業や新商品の開発、マーケティング戦略やビジネスプロセスの改善などをチェックリストで回答してもらうように依頼しましょう。

SCAMPER法

「SCAMPER法」は、「オズボーンのチェックリスト」をもとにした、アイデアを量産するために使用される手法です。対象を「Substitute(代用)」「Combine(結合)」「Adapt(応用)」「Modify(修正)」「Put to other uses(転用)」「Eliminate(削減)」「Rearrange・Reverse(再編成・逆転)」の7つの要素(SCAMPER)からアイデアを考えます。ChatGPTでは、「オズボーンのチェックリスト」と同様の活用ができます。

イエスアンドゲーム

「イエスアンドゲーム」は、その名のとおり「Yes,And」(はい、そして)というフレーズで相手のアイデアを受け入れ、そこに自分の新たなアイデアを追加して発展させていく手法です。柔軟な思考や豊かな発想ができるため、さまざまなテーマに有用といえます。ChatGPTでイエスアンドゲームを持ちかけたら、回答されたアイデアに対して「いいね!そしたら〜はどう?」という会話をくり返しましょう。

第  章

マーケティングでの活用

065 仕事のリサーチと分析をしてもらう

必要な情報を効率よく集められる

ビジネスマーケティングでは必要不可欠な情報収集、市場調査などを、ChatGPTに依頼することが可能です。たとえば、サービスや商品などの国内市場規模や市場動向、ターゲット顧客や顧客ニーズ、価格帯などについて尋ねることができます。

ただし、ChatGPTで現在使われている言語モデル（GPT-3.5）では2021年9月頃までの情報しか学習していないため、最新の情報を集められるわけではない点には留意しましょう。

短時間でも利用できるジムサービスのペルソナはどのような人か教えてください。

短時間でも利用できるジムサービスのペルソナは、以下のような特徴を持つ人々です:

1. 働き盛りのビジネスパーソン: 彼らは忙しい仕事のスケジュールを持っており、短い時間帯にトレーニングを取り入れる必要があります。彼らはジムで効率的にトレーニングし、限られた時間内に最大の効果を得ることを求めています。
2. 学生や大学生: 彼らは学業や他の活動に忙しいため、限られた時間で効果的に運動したいと考えています。ジムでのトレーニングは彼らの生活スタイルに適応しやすく、ストレスの解消や体力向上の手段として利用されます。
3. ワーキングプロフェッショナル: 彼らはフルタイムの仕事を持っているため、通勤時間やランチブレイクなど、働く合間にトレーニングを行いたいと考えています。短時間で効果的な運動を提供するジムサービスは、彼らの生活スタイルに適しています。
4. 主婦や主夫: 彼らは家庭の責任を持ちながら、自分自身の健康やフィットネスにも時間を割きたいと考えています。ジムでの短時間のトレーニングは、彼らにとってストレス発散やリフレッシュの手段となるだけでなく、社会とのつながりや仲間作りの場ともなります。

情報が整理して回答されます。

入力した情報を分析できる

ChatGPTでは、収集したデータをもとに市場分析に役立てることもできます。顧客のレビューやSNS上のコメント（P.102参照）、顧客からの問い合わせなどテキスト形式の自然言語データであれば、ChatGPTの自然言語処理能力で効果的にデータ分析を行うことが可能です。以下は、アンケート結果をもとに顧客へのアプローチ方法を分析してもらった例です。しかし、ChatGPTでのデータ分析にはいくつかの注意点もあります。ChatGPTは、学習したデータに基づき分析を行いますが、必ずしもその分析結果が正確であるとは限らないということです。また、データに個人情報や機密情報（P.162参照）が含まれる場合は、プライバシーに関して配慮する必要があります。

以下のアンケート結果から、このネットスーパーではどのように顧客へのアプローチをするのがおすすめか分析してください。

・ネットスーパーを利用する理由は、重いものを届けてくれるから
・自分で商品を選びたい人はネットスーパーを利用しない傾向
・送料が高いのもネットスーパーを利用しない理由の1つ
・ネットスーパーでよく注文する商品は水やお茶などの飲料が多数で
・主に自宅での商品の受取が多い

上記のアンケート結果から、ネットスーパーが顧客へのアプローチを改善するためのいくつかのアイデアを考えることができます。

分析してほしいデータを入力します。

1. 重い商品の配送サービスの強調: 顧客がネットスーパーを利用する
が、「重いものを届けてくれる」という点であるため、この特徴を積極的にアピールすることが重要です。ホームページや広告で、重い商品の配送サービスのスピードや信頼性、便利さを強調することで、顧客に対して価値を伝えることが

を選択す……割引されるり……入することで、顧……
便性を向上させることができます。

4. 飲料品に特化したプロモーション: ネットスーパーでよく注文される商品が水やお茶などの飲料であることが分かっているため、飲料品に特化したプロモーションを行うことが効果的です。定期的な割引やキャンペーン、新商品の先行予約など、飲料品に関連する特典やサービスを提供することで、顧客の関心を引き付けることができます。
5. 自宅での商品受取りの便利さをアピール: 主に自宅での商品の受取りが多いという情報を活かし、自宅での商品受取りの便利さをアピールすることも重要です。例えば、指定した日時に配達するサービスや、受取りが可能な時間帯の拡大、受取り場所の柔軟な選択肢などを提供することで、顧客の利便性を高めることができます。

066 キャッチコピーを考えてもらう

キャッチコピーを作成できる

企画や商品などで使うキャッチコピーを、ChatGPTに作成してもらうことができます。キャッチコピーを作るうえで必要な内容や、具体的な特徴、メリットなどの情報を与えると、それらを加味したキャッチコピーを作成してもらうことが可能です。必要に応じて「○文字以内で」のように字数を指定してもよいでしょう(P.62参照)。

なお、ChatGPTにキャッチコピーを考えてもらう際は、役割を与えることがポイントです。以下の例では、「あなたはプロのコピーライターです。」と役割を与え、続きのプロンプトを入力しています。

あなたはプロのコピーライターです。自分でゴミ捨てまでできる「AI搭載のお掃除ロボット」を売り出すためのキャッチコピーを10個考えてください。

1. 「未来のお掃除を体験せよ！革新的なAI搭載お掃除ロボット、あなたの家を輝かせます」
2. 「煩わしいゴミ捨てはもう不要！スマートなAIロボットが代行します」
3. 「お掃除の新時代到来！手間いらずのAIロボットでゴミ問題を解決」
4. 「AIの知性と効率性が融合した究極のお掃除パートナー、ゴミ捨てまで一緒に行います」
5. 「最先端のテクノロジーが生み出す未来のお掃除体験、ゴミ捨てまで自動化」
6. 「忙しい日々におさようなら！AIがゴミ捨てまでサポートするお掃除ロボット」
7. 「家事の未来を切り拓く、画期的なAI搭載お掃除ロボットでゴミ問題を解決しよう」
8. 「一石二鳥の便利さ！お掃除とゴミ捨てを一台でこなす驚異のAIロボット」
9. 「革新的なAI技術で、あなたの手間を軽減。ゴミ捨てもおまかせください」
10. 「お掃除の新次元へ！AIロボットが贈るスマートなゴミ捨て体験」

ChatGPTに役割を与えます。

候補を複数出してもらいます。

067 製品の名前を考えてもらう

製品名を考えてもらう

大事な製品名を、1から悩んで考える必要はありません。ChatGPTに頼めば、製品の名前となる候補をすぐに作成してくれます。以下は、アイロンの製品名を考えてもらった例です。

製品に限らず、新規開店する店舗名や新しく立ち上げる衣料のブランド名、あるいはサッカークラブのチーム名を考えてもらうなど、応用のしかたはさまざまです。また、いくつ候補を提示してほしいかも合わせて入力しておくと、ネーミングの幅も広がります。ChatGPTからの提案を自分なりにアレンジして利用するのもよいでしょう。

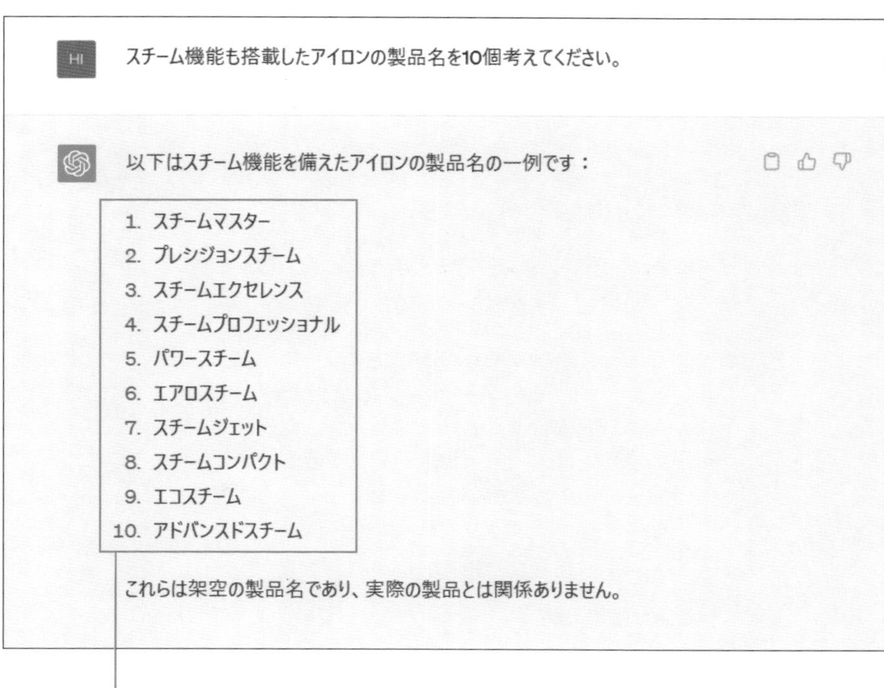

候補を複数考えてもらえます。

068 SNSでのコメントを分析してもらう

SNSのコメントから分析できる

ChatGPTを使えば、会社で運営しているSNSに寄せられたコメントを分析してもらうことができます。自社のサービスや商品に対する課題や特徴を見出したいときには、ChatGPTに質問してみるのもおすすめです。

以下のSNSのコメントを分析して、課題を教えてください。

・練乳味が楽しみ。明日早速買いたい。
・少し価格が高い。
・味が甘すぎて食べきれない。
・欲しいけど販売している店舗が近くにない。
・賞味期限が短い。
・別の組み合わせの味も欲しかった。

分析してほしいデータを入力します。

このSNSのコメントを分析すると、次のような課題が浮かび上がります:

1. 価格が高い: 一部の人々は、練乳味を楽しみたいと思っていますが、価格が高いと感じているようです。価格が高いため、購入をためらっているかもしれません。
2. 味が甘すぎる: 練乳味が甘すぎて食べきれないというコメントがあります。一部の人々は、よりバランスの取れた甘さを好む可能性があります。甘さの程度を調整することで、幅広い味覚に対応できるかもしれません。
3. 販売店舗の不便さ: 欲しいけれども、販売している店舗が近くにないというコメントがあります。製品の入手性が制限されていると、購入を躊躇する可能性があることができ…

5. 別の組み合わせの味の欲求: 一部の人々は、別の組み合わせの味も欲しかったとコメントしています。多様な味のバリエーションを提供することで、顧客のニーズに合致し、購入意欲を高めることができるかもしれません。

以上が、このSNSのコメントから浮かび上がる課題の一部です。これらの要素を改善することで、製品の魅力やアクセシビリティを向上させ、顧客の満足度を高めることができるでしょう。

069 SNSでの宣伝文を作ってもらう

SNSに合わせて宣伝文を作成できる

SNSを活用した宣伝活動は、ユーザーとのコミュニケーションが取りやすいうえ、潜在層へのアプローチも可能なため、積極的に行っていきたいものです。以下は、ChatGPTにInstagramで新商品を宣伝する際に掲載する宣伝文を作成してもらった例です。ChatGPTを利用すると、SNSの特徴に応じてすばやく宣伝文を作成してもらえます。

Instagramで新商品を紹介します。以下の内容に従って、宣伝文を作成してください。

・新商品は醤油さし
・カラーバリエーション豊富で14色展開
・箸休めにも使える
・電子レンジ、食洗器対応

宣伝文を投稿するSNSを指定します。

【新商品紹介】鮮やかなカラーバリエーションと多彩な使い方で魅了する、醤油さしが登場しました！

14色展開で、あなたの食卓を彩ります。お気に入りの色を選べば、食事の時間がより楽しくなること間違いなしです。毎日の食卓が華やかに変わり、心も満たされることでしょう。

さらに、忙しい現代人のために設計されているため、電子レンジや食洗器にも対応しています。レンジで温めたり、食器洗い機で洗ったりする際にも安心して使用できます。

食卓を彩る醤油さしで、新しい食事のスタイルを楽しんでみませんか？ぜひInstagramのストーリーや投稿をチェックして、鮮やかな14色の中からあなたのお気に入りを見つけてください。さあ、食卓を美しく演出する醤油さしで、特別なひとときをお過ごしください！ #新商品 #醤油さし #食卓の彩り

ハッシュタグも提案されます。

第6章 マーケティングでの活用

070 SNSでの口コミ文を作ってもらう

口コミを作成できる

SNS上に投稿されたサービスや商品、場所などの口コミは消費者の購入·来店に大きな影響を及ぼすことがわかっています。そのため、サービス利用者や商品購入者からの口コミの有無や評判の内容がとても重要だといわれおり、積極的に口コミの投稿をサービス／商品体験者に呼びかけていきたいものです。以下は、ChatGPTにX（旧Twitter）での口コミ文を作成してもらった例です。X特有の140文字制限に収まるよう短めの文章が作成されますが、下の画面のようにオーバーしてしまうこともあります。なお、口コミの自作自演行為は、場合によっては違法になってしまう場合があり、顧客への不信感にもつながりかねないので注意しましょう。

HI 最新のスマートフォンを手に入れたところデザインも使い勝手も良かったので、Twitterに投稿するための口コミ文を作成してください。

SNSの特徴に合わせて回答が作成されます。

「新しく手に入れた最新スマートフォン、デザインも使い勝手も最高です！本当に満足しています！画面の美しさに感動しましたし、操作もスムーズで快適です。カメラの性能も素晴らしく、鮮明な写真を撮影できます。バッテリーも長持ちで、一日中使っても安心です。さらに、高速なデータ通信機能やセキュリティ面でも信頼できる仕様です。これからはますますスマホライフが楽しくなりそうです！おすすめです！ #最新スマートフォン #満足度100%」

COLUMN

必要な情報を聞いてもらう

口コミには、どのようなサービス／商品なのかのほか、場所やメニューの種類、サービスの内容、雰囲気など実際に体験した人にしかわからない情報が必要です。ChatGPTに「必要な情報があれば教えるので聞いてください。」のように入力すると、口コミの作成に必要な情報を尋ねてもらえます。

HI SNS用にカレーうどん屋の口コミを作成したいです。必要な情報があれば教えるので聞いてください。

もちろんです、カレーうどん屋の口コミを作成するために必要な情報を教えてください。以下の情報を提供していただけると助かります：

1. カレーうどん屋の店名または場所
2. カレーうどんの味や具材についての詳細
3. スタッフの対応やサービスについての感想
4. 店の雰囲気や内装についての印象
5. 価格帯やコストパフォーマンスについての意見
6. その他、特筆すべきポイントや体験についての情報

071 Webサイトのコンテンツ案を考えてもらう

アクセス数を意識したサイト作りができる

企業や個人のWebサイトでは、Webコンテンツの内容と質がアクセス数を左右します。どのようなコンテンツを配置すればより有効か、ChatGPTに尋ねてみましょう。以下は、ChatGPTに「デジタルマーケティングのプロです。」という役割を与えたうえで、会社のWebページのサイトコンテンツ案を考えてもらいました。

あなたはデジタルマーケティングのプロです。主に20代をターゲットとしてコスメ・美容グッズを販売している会社のホームページを作りたいです。サイトのコンテンツ案を教えてください。

コンテンツ案を提案してもらえます。

デジタルマーケティングのプロとして、20代をターゲットとしたコスメ・美容グッズの会社のホームページのコンテンツ案をご提案します。以下の要素を組み合わせることで、効果的なホームページを作成することができます。

1. ホームページのメインビジョンとブランドメッセージ:
   - 会社の独自性やブランドのコアバリューを強調するコンテンツを掲載しましょう。
   - 20代のターゲットに向けたブランドメッセージやアピールポイントを明確に伝えることが重要です。
2. 製品カタログ:
   - 主力商品や新製品、人気商品などのカタログページを作成しましょう。
   - 各商品の特徴、利点、使用方法、成分などを詳細に説明し、魅力を伝

   - Facebook、Instagram、YouTubeなどのSNSへのリンクを表示しましょう。
   - ユーザーがコンテンツを簡単に共有できるように、ソーシャルメディア共有ボタンを追加しましょう。
8. お問い合わせとカスタマーサポート:
   - 顧客からのお問い合わせやカスタマーサポートに関する情報を提供しましょう。
   - フォームやチャット機能を設置し、迅速な対応を心掛けましょう。

第6章 マーケティングでの活用

072 Webサイトのブログ記事を書いてもらう

ブログ記事を作成できる

ChatGPTを利用して、Webサイトのブログ記事を書いてもらいましょう。ここでは、「あなたはプロのWebライターです。」と役割を与えたうえで、テーマとなるキーワードを指定し、ブログ記事の作成を依頼してみました。なお、作成された文章の修正は必要に応じて行いましょう。また、指示のしかたを工夫すれば、ブログ記事のアイデア出しはもちろんのこと、記事の目次案（P.93参照）や記事のアウトライン（P.94参照）を作成してもらうこともできます。

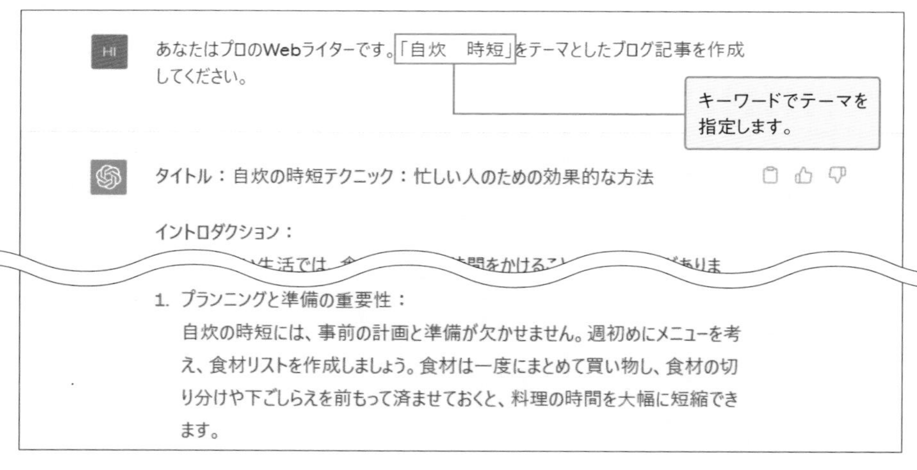

COLUMN

ブログ記事のタイトル案を作成する

ブログ記事の内容のほか、ターゲット層やキーワードを伝え、「タイトル案を作成してください。」と指示するとブログ記事のタイトル案を作成してもらえます。

HI あなたはプロのWebライターです。「自炊　時短」をテーマとしたブログ記事のタイトル案を5つ作成してください。

1. 「自炊のプロが教える！忙しい人のための時短レシピ集」
2. 「手早く美味しく！自炊の時間を短縮するコツ5選」
3. 「忙しい日々でも自炊を楽しむ！時短料理のアイデア集」
4. 「忙しいママにおすすめ！自炊の時短術と節約テクニック」
5. 「時間を節約しながら健康的な食事を！自炊の時短メニュー大公開」

073 WebサイトのSEO対策をしてもらう

上位に表示されやすいタイトルを考えもらう

WebサイトのSEO対策には、さまざまな方法がありますが、その中でも「キーワードの適切な使用」は、検索エンジンがサイト内のコンテンツや記事を理解するうえでとても重要です。以下は、キーワードを指定して、上位に表示されやすくする記事タイトル案を20個考えてもらった例です。どのようなコンテンツをWebサイトに配置すればよいのか、ヒントにすることができます。

「ノートパソコン」で検索したときに上位に表示されるサイトにしたいです。必要な記事のタイトルを20個教えてください。

検索キーワードを指定します。

検索エンジンのアルゴリズムは頻繁に変更されるため、具体的なタイトルが常に上位に表示されるとは限りませんが、一般的なSEO（検索エンジン最適化）のポイントに基づいた人気のあるタイトルを20個ご紹介します。これらのタイトルは「ノートパソコン」に関連するもので、情報を提供し、読者に価値を提供することを念頭に置いています。

1. 「最新のノートパソコン2023年版：性能と機能の徹底比較」
2. 「ノートパソコンの選び方：重要なポイントとヒント」
3. 「高性能ノートパソコンのおすすめモデル10選」
4. 「軽量で持ち運び便利なノートパソコンランキング」
5. 「ノートパソコンのバッテリー寿命を延ばす方法」
6. 「ノートパソコンのメモリ（RAM）アップグレードの手順と効果」

COLUMN

そのほかのSEO対策

そのほかに行えるSEO対策としては、「「ノートパソコン」のサジェストキーワードを教えてください。」のようにして検索時に同時に入力されるキーワードを調べて記事に盛り込んだり、「「ノートパソコン 新機能」で検索する人のペルソナはどのような人か教えてください。」のようにしてペルソナを探ったりすることが可能です。

074 顧客からの問い合わせの返信文を作成してもらう

返信用のテンプレートを作成する

ChatGPTを使えば、よく来る問い合わせや質問に対する自動返信用のテンプレートを作成することができます。メールに限らず、SNSで受け取ったメッセージやコメントに対しても同様の方法で返信することが可能です。返信用のテンプレートを作成してもらう際は、個人情報の流出の恐れがあるため、顧客からのメッセージ内容をそのままChatGPTに入力してしまわないよう、気を付けましょう(P.162参照)。

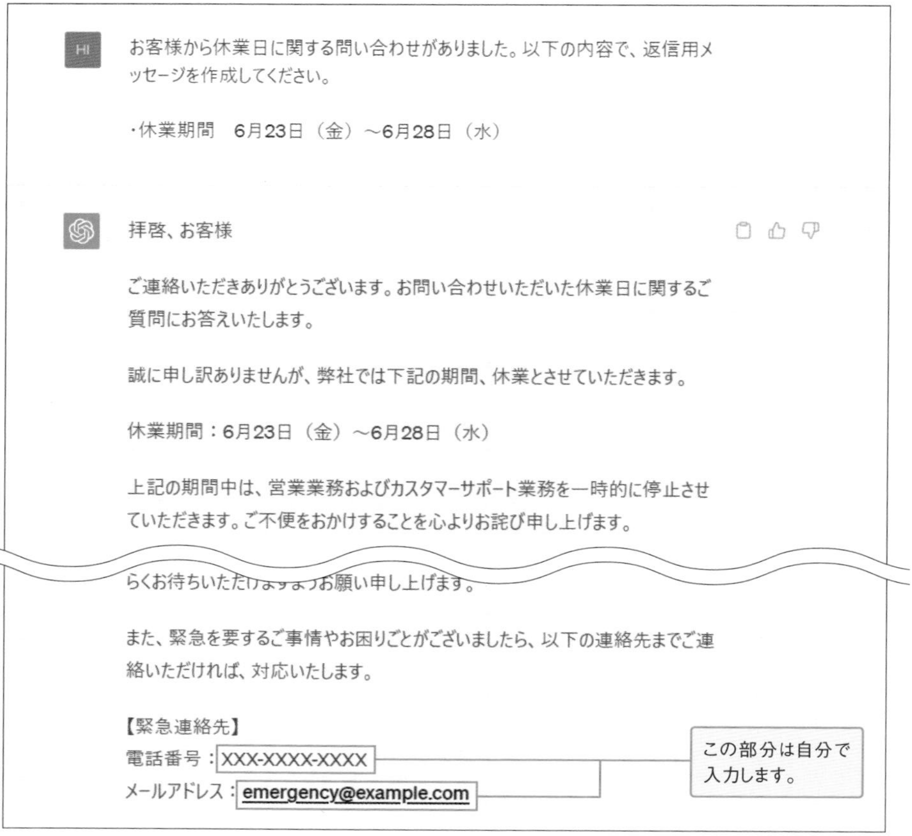

HI

お客様から休業日に関する問い合わせがありました。以下の内容で、返信用メッセージを作成してください。

・休業期間　6月23日（金）～6月28日（水）

拝啓、お客様

ご連絡いただきありがとうございます。お問い合わせいただいた休業日に関するご質問にお答えいたします。

誠に申し訳ありませんが、弊社では下記の期間、休業とさせていただきます。

休業期間：6月23日（金）～6月28日（水）

上記の期間中は、営業業務およびカスタマーサポート業務を一時的に停止させていただきます。ご不便をおかけすることを心よりお詫び申し上げます。

らくお待ちいただけますようお願い申し上げます。

また、緊急を要するご事情やお困りごとがございましたら、以下の連絡先までご連絡いただければ、対応いたします。

【緊急連絡先】
電話番号：XXX-XXXX-XXXX
メールアドレス：emergency@example.com

この部分は自分で入力します。

第 7 章

Excelでの活用

075 Excelの操作方法を教えてもらう

Excelの操作方法を教えてもらう

ChatGPTは、WordやPowerPointなどをはじめとしたMicrosoft Officeの情報も学習しているため、Excelの使い方を尋ねるという利用方法もできます。

たとえば、「Excelで1行おきにセルに色を付ける方法を教えてください。」とChatGPTに尋ねてみたところ、以下のように、条件付き書式を設定して1行おきにセルに色を付ける操作手順を詳しく紹介してくれました。また、続けて「ほかのやり方はありますか？」と聞くと、別のやり方も紹介してくれます。

こうしたExcelの基本機能を利用した操作以外にも、関数（P.119～121参照）やVBAマクロ（P.122参照）などの使い方を教えてもらったり、作成してもらったりすることも可能です。

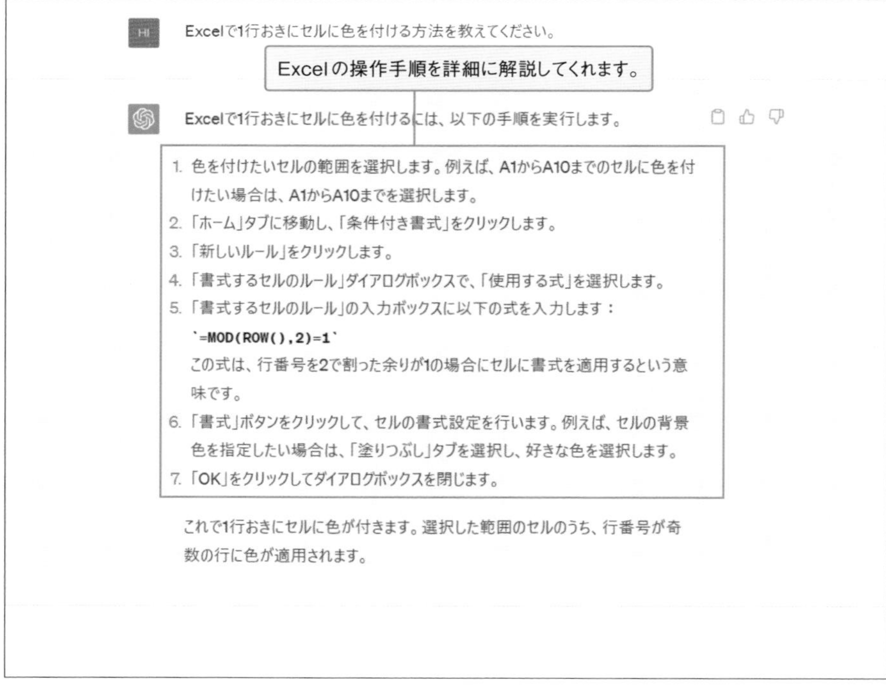

076 Excelの便利な技を教えてもらう

Excelの応用機能を教えてもらう

Excelにはさまざまな機能が搭載されており、便利機能を活用することで作業効率を上げることができます。ここでは、「Excelのセル入力で時短利用で使える便利なショートカットキーを教えてください。」と入力しました。ショートカットキーを活用すると、マウスとキーボードを頻繁に持ち替えなくてもデータの入力や選択ができます。すでに知っているショートカットキーが多く表示された場合は、追加質問をすることで、ほかのショートカットキーを紹介してもらうことも可能です。

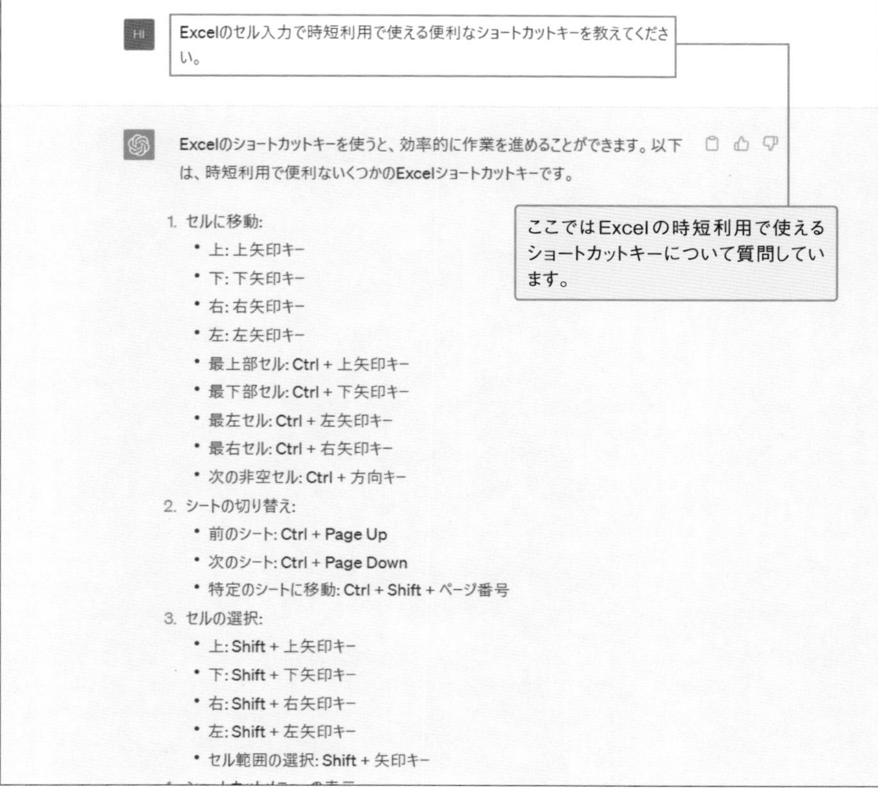

第7章 Excelでの活用

077 イメージどおりの表を作ってもらう

作りたい表を具体的に指定する

新しく表を作るときに、どのような項目とデータを用意したらよいのかわからないときがあります。あらかじめ、ベースとなる表とデータがあると、表作成の方針がわかりやすくなります。ChatGPTは、学習内容から判断して指定した内容のダミーデータを生成したり、表の項目を作ったりすることができるので、これからExcelで作成する表のベースになるものを作成依頼してみましょう。たとえば、「在庫管理用の表を作ってください。」と入力するだけで、以下のような表を作成してもらえます。

MA 在庫管理用の表を作ってください。

何のための表にしたいかを指定します。

もちろんです。以下に在庫管理用の表の例を示します。

商品名	在庫数	最低在庫数	単位
商品A	50	10	個
商品B	100	20	個
商品C	75	15	個
商品D	30	5	個
商品E	200	30	個

この表では、以下の情報が含まれています:

- 商品名: 在庫を管理する商品の名称です。
- 在庫数: 現在の在庫数量です。

COLUMN

ChatGPTからExcelに表をコピーする

ChatGPTで生成された表を選択してコピーし、そのままExcelに貼り付けると、書式もコピーされてしまい、Excelの別のセルの文字と見た目が異なってしまいます。ChatGPTの表を選択したら、Ctrl+Cのショートカットキーなどでコピーし、Excelで[ホーム]→[貼り付け]の ⌄ →[貼り付け先の書式に合わせる]の順にクリックすると、Excelの書式に合わせた状態で表を貼り付けられます。

078 表にするデータを調べて作ってもらう

データ収集と表作成を依頼する

ChatGPTには、かんたんなデータの収集と、そのまとめを依頼することができます。以下は、「47都道府県の県名と県庁所在地」を表にまとめてもらった結果です。このほかにも、「元素記号と元素名」などのように、基礎的なデータであれば、ChatGPTに聞くだけですばやく表にしてもらうことが可能です。

ただし、ChatGPTの回答には、誤った情報が混ざっていることもあるので注意しましょう。たとえば、以下の例では埼玉県の県庁所在地を「埼玉市」(正しくはさいたま市)と答えています。

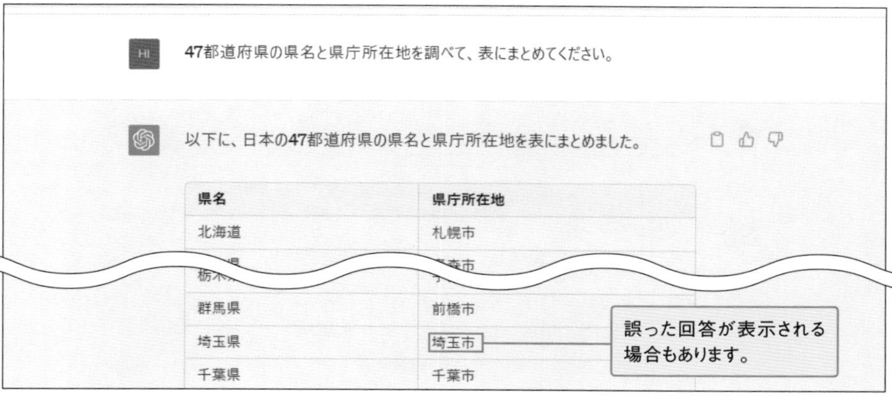

47都道府県の県名と県庁所在地を調べて、表にまとめてください。

以下に、日本の47都道府県の県名と県庁所在地を表にまとめました。

県名	県庁所在地
北海道	札幌市
群馬県	前橋市
埼玉県	埼玉市
千葉県	千葉市

誤った回答が表示される場合もあります。

COLUMN

統計データの調査は不得意

ChatGPTは、2021年9月までの情報を保有しており、理論上ではそれ以前に発表されたデータを回答できることになっています。しかし、統計データなどは年代を指定しても調査に失敗することがあります。たとえば、「2015年の大学センター試験の平均点を各科目ごとにまとめて表にしてください。」と質問すると、「申し訳ありませんが、私の知識は2021年9月までの情報しか持っていませんので、2015年の大学センター試験の平均点を科目ごとに正確に提供することはできません。(以下略)」と回答されました。しかし、続けて「2015年ですよ?」と質問すると、回答を得ることができました。

079 効率的なデータ分析の方法を教えてもらう

効率のよいデータ分析方法を教えてもらう

Excelは、収集したデータをまとめ、分析するときにもよく利用されます。データは集めるだけでなく、分析して活用していくことが大切です。せっかく集めたデータを活用できていないと感じる場合は、ChatGPTにアドバイスを求めてみましょう。Excelでどんなデータをまとめたいか、効率よくデータ分析するにはどうしたらよいのかを聞いてみると、シチュエーションに合ったデータ分析方法を提案してもらえます。

ただし、ChatGPTでは、入力した情報がAIによる機械学習のデータとして収集されます(P.162参照)。個人を特定されてしまうような情報や、社外秘にあたるような情報の入力は避けるようにしましょう。あらかじめダミーデータを用意して試してみるのもよいでしょう(P.65参照)。

Excelで世界のスマホ人口の割合をわかりやすくまとめたいです。データ分析にの際に効率のよい方法を紹介してください。

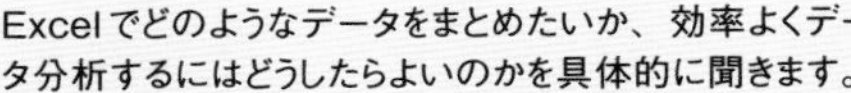

Excelを使用して世界のスマートフ…は、以下の手順をおすすめします。

1. データを収集: スマートフォン人口のデータを収集し、Excelのワークシートに入力します。データは国別または地域別にまとめると分析しやすくなります。
2. データの整形: データを整形して必要な情報を抽出します。例えば、国名、人口総数、スマートフォン人口などが含まれる列を作成します。必要に応じて、データのソートやフィルタリングも行います。
3. 割合の計算: スマートフォン人口の割合を計算するための列を作成します。スマートフォン人口を人口総数で割り、割合を百分率で表現します。Excelの数式を使用して自動的に計算することができます。
4. グラフの作成: データを視覚化するために、Excelのグラフ機能を使用して割合をグラフ化します。適切なグラフタイプを選び、デザインやレイアウトの調整を行います。グラフを見やすくするために、軸のラベルやタイトルを追加することもおすすめです。
5. グラフの編集: グラフに追加の編集を行い、わかりやすさを向上させることができます。例えば、データラベルや凡例を表示させ、グラフの色やスタイルを調整することができます。
6. グラフの解釈: グラフを分析し、結果を読み取ることができます。割合の比較や

080 表に最適なグラフを選んでもらう

最適なグラフを提案してもらう

データ分析の際は、グラフを活用すると視覚的にわかりやすくなります。Excelにはさまざまなグラフが用意されており、データの内容に応じて使い分けると、より分析しやすくなります。以下では、広告費と売上の関係に関するデータに適したグラフを聞いています。いくつかのグラフを紹介してもらえることもあるので、比較したい事柄と合わせて最適なものを検討しましょう。

弊社の過去製品の広告費と売上の関係をグラフにまとめたいと考えています。
以下のデータをもとにExcelでグラフ化する場合、どのグラフを選択したらよいでしょうか？

製品,広告媒体,広告費,売上
製品A,媒体X,50000,150000
製品A,媒体Y,40000,120000
製品A,媒体Z,55000,160000
製品B,媒体X,35000,110000
製品B,媒体Y,25000,90000
製品B,媒体Z,30000,100000
製品C,媒体X,30000,100000
製品C,媒体Y,25000,90000
製品C,媒体Z,35000,110000

サンプルデータを入力すると、より最適なグラフを提案してもらえます。

このようなデータセットをグラフ化する場合、広告費と売上の関係を比較するのに適したグラフは散布図（Scatter Plot）です。散布図は2つの数値変数の関係を視覚的に表現するのに適しており、広告費と売上の関係を明確に示すことができます。

以下の手順でExcelで散布図を作成することができます：

1. Excelを開き、データをシートに入力します。
2. データを選択し、挿入（Insert）タブをクリックします。
3. 挿入タブのグラフ（Charts）セクションから、散布図（Scatter）を選択します。通常は散布図（Scatter）オプションをクリックするだけで、Excelが自動的に最適な散布図を生成します。
4. 散布図が作成されると、広告費が横軸に、売上が縦軸に配置されたグラフが表示されます。

この散布図を見ることで、広告費と売上の関係を視覚的に把握することができ

081 テキストの一覧を表にまとめてもらう

テキストを表にまとめ直してもらう

テキスト入力されているデータをExcelのセルにそれぞれ貼り付ける作業は、大変手間のかかる面倒な作業の1つです。しかし、ChatGPTを活用すると、データを入力し、「表にしてください」と投げかければ、テキストを分析して表形式にまとめ直してくれるので、あとは表をコピーしてExcelに貼り付けるだけです。以下のような文章形式でも表にできますが、各項目の間がカンマ区切りされていると、より正確に表にしてもらうことが可能です(P.118参照)。

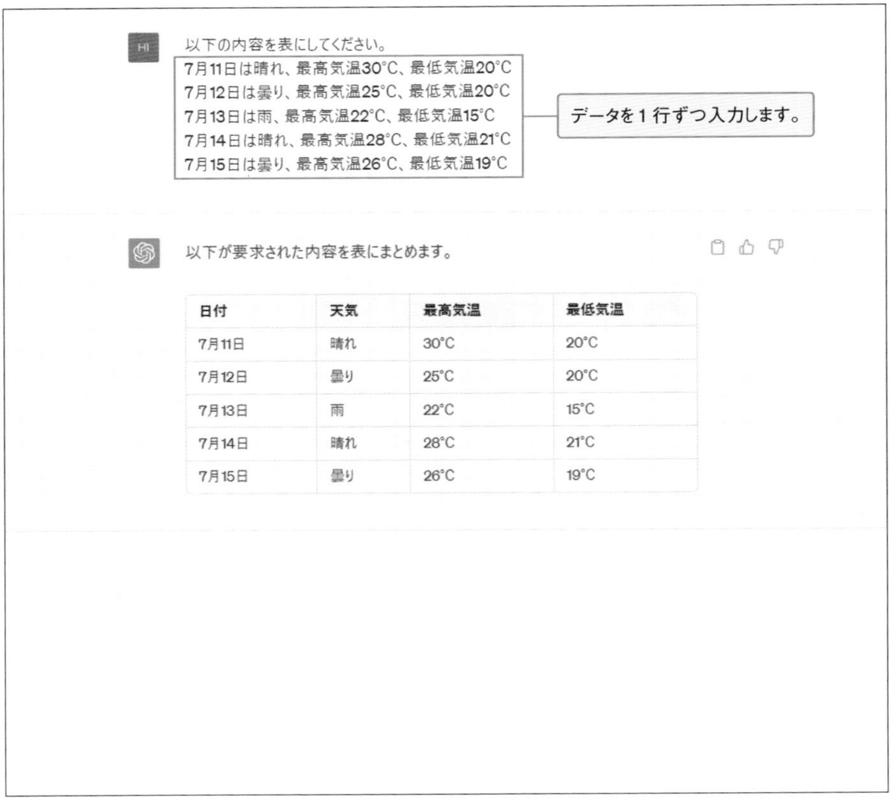

以下の内容を表にしてください。
7月11日は晴れ、最高気温30°C、最低気温20°C
7月12日は曇り、最高気温25°C、最低気温20°C
7月13日は雨、最高気温22°C、最低気温15°C
7月14日は晴れ、最高気温28°C、最低気温21°C
7月15日は曇り、最高気温26°C、最低気温19°C

データを1行ずつ入力します。

以下が要求された内容を表にまとめます。

日付	天気	最高気温	最低気温
7月11日	晴れ	30°C	20°C
7月12日	曇り	25°C	20°C
7月13日	雨	22°C	15°C
7月14日	晴れ	28°C	21°C
7月15日	曇り	26°C	19°C

082 テキストの一覧をカテゴリ分けしてもらう

テキストをカテゴリ分けしてもらう

ChatGPTは、入力されたテキストを分析し、指定した内容でカテゴリを分類することができます。以下は、都道府県を地方別に分類してもらった例です。ChatGPTでカテゴリ分けしてもらった結果は、主にテキストで表示されるため、「表にまとめてください」と付け加えると、よりExcelでの利便性が増します。

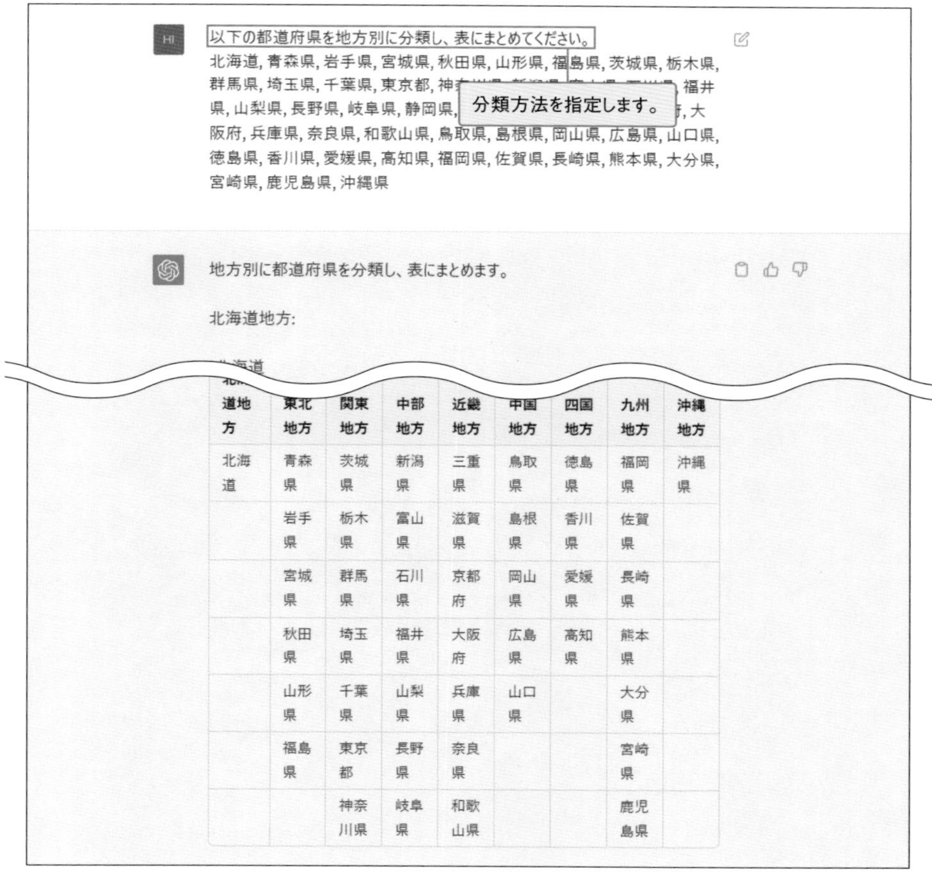

北海道地方	東北地方	関東地方	中部地方	近畿地方	中国地方	四国地方	九州地方	沖縄地方
北海道	青森県	茨城県	新潟県	三重県	鳥取県	徳島県	福岡県	沖縄県
	岩手県	栃木県	富山県	滋賀県	島根県	香川県	佐賀県	
	宮城県	群馬県	石川県	京都府	岡山県	愛媛県	長崎県	
	秋田県	埼玉県	福井県	大阪府	広島県	高知県	熊本県	
	山形県	千葉県	山梨県	兵庫県	山口県		大分県	
	福島県	東京都	長野県	奈良県			宮崎県	
		神奈川県	岐阜県	和歌山県			鹿児島県	

083 テキストの一覧をカンマ区切りにしてもらう

CSVファイル用のデータを作成する

スペースで区切られているテキストや、ChatGPTなどから表形式で出力したテキストは、ChatGPTに依頼することでかんたんにカンマ区切りのテキストに変換することができます。テキストデータをカンマ区切りにすると、Excelで開くことができるCSVファイルを、メモ帳アプリなどで作ることができます。

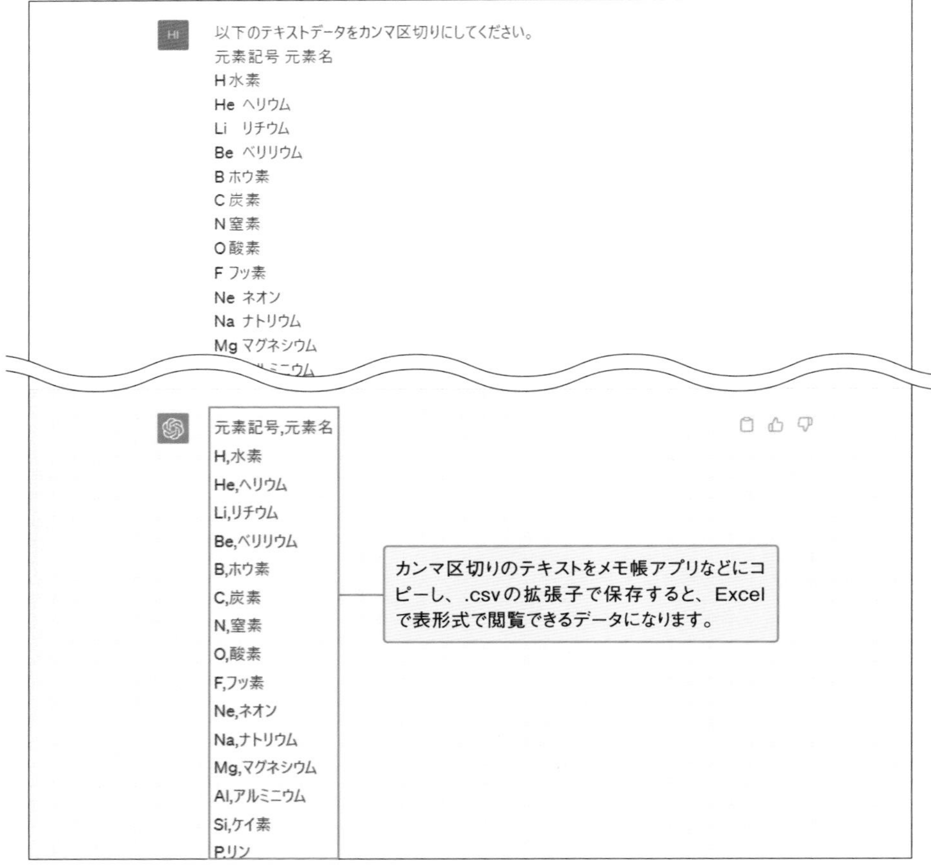

084 やりたいことをExcelの関数式で書いてもらう

Excelの関数式を作成してもらう

ChatGPTでは、どのような関数式を作りたいかを具体的に指定することができれば、誰でもかんたんにExcel関数を使いこなすことができます。ChatGPTが作成した関数式は、[Copy code]をクリックするとコピーでき、そのままExcelにペーストするだけで適用できます。質問のしかたによっては、関数式に利用した関数について説明が表示されることもありますが、より詳しく聞きたい場合は、P.121を参考にして追加質問をするとよいでしょう。

085 複雑な関数式を分析してもらう

関数式の構造を教えてもらう

Excelの関数は組み合わせて利用することも多いですが、1つの式に関数を使えば使うほど式が複雑になってしまいます。誰かが作った関数式や、昔作って内容を忘れてしまった関数式の構造をひとつひとつ紐解いていくのは手間がかかるので、ChatGPTに聞いてみましょう。どんなに複雑な関数式であっても、ChatGPTが分析してそれぞれの関数を説明し、最終的にどのような結果を得られるのかまで教えてくれるでしょう。

また、エラーになる関数式を入力して、修正すべき箇所を指摘してもらうといった使い方もできます。

この関数式を分析してください。
=SUM(IF(COUNTIFS(A2:A10, "Category1", B2:B10, ">100")>0, C2:C10, 0))

関数の概要とここでの使われ方をそれぞれ説明し、最後にこの関数式の意図を教えてくれました。

この関数式は、ExcelのSUM関数とIF関数、そしてCOUNTIFS関数を組み合わせています。

関数式の全体の目的は、範囲A2からA10で"Category1"と一致し、かつ範囲B2からB10で100より大きい値を持つセルの合計を求めることです。

まず、COUNTIFS関数が使用されています。COUNTIFS関数は、指定された複数の範囲と条件に基づいて、セルの数を数えます。この場合、範囲A2からA10で"Category1"と一致し、かつ範囲B2からB10で100より大きい値を持つセルの数を数えています。

次に、IF関数が使用されています。IF関数は、指定された条件が真である場合には第一の値を返し、偽である場合には第二の値を返します。この場合、COUNTIFS関数の結果が0より大きい場合は、範囲C2からC10の対応するセルの値を返し、それ以外の場合は0を返します。

最後に、SUM関数が使用されています。SUM関数は、指定された複数の値の合計を計算します。IF関数によって返された値の合計が計算され、結果が返されます。

つまり、この関数式は、条件に基づいて特定のセルの値を合計するために使用されています。"Category1"に属し、かつ100より大きい値を持つセルの値を合計することが意図されています。

086 関数の使い方を教えてもらう

使い方がわからない関数の意味を教えてもらう

使い方のわからない関数や、活用方法を詳しく知りたい関数をChatGPTに聞くと、詳しく説明してもらうことができます。以下では、VLOOKUP関数について質問しています。概要のほかに、各引数の解説やよく利用される場面などが表示されました。

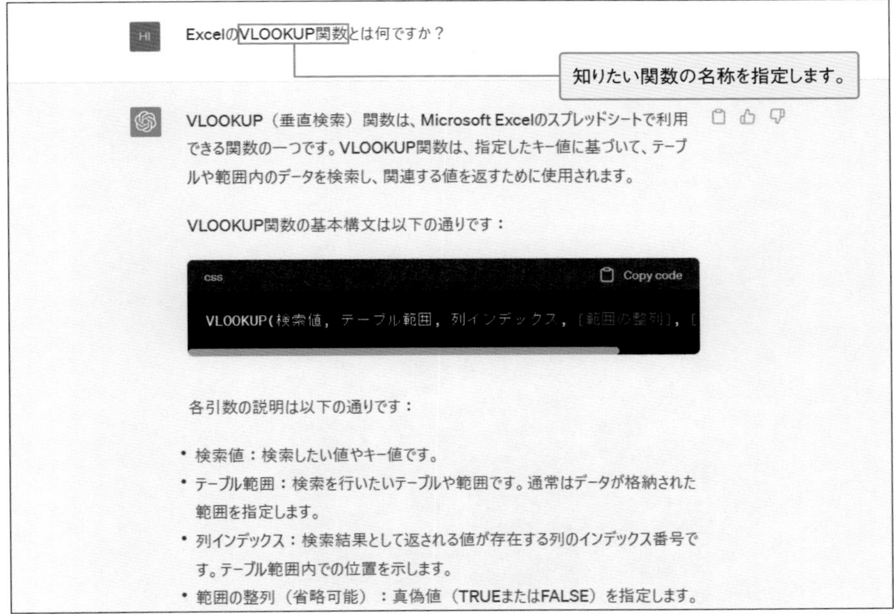

COLUMN

新関数の説明はできない

ChatGPTは、さまざまなExcel関数を学習していますが、2021年9月までの情報しか持っていないため、それ以降に登場した新しい関数には対応していません。2022年になってから追加された関数の使い方を聞いても、「申し訳ありませんが、現時点の私の知識では○○関数については理解していません。」などと回答が返ってきてしまいます。

087 やりたいことをExcel VBAで書いてもらう

VBAでマクロを組んでもらう

Excelの操作を自動化する手段として、VBAによるマクロが有名です。関数だけではできないことも、ChatGPTにVBAのコードを書いてもらえば、あっという間に日々の業務を効率化できます。ただし、ChatGPTが作成したVBAのコードは間違っていることもあります。本番で使用する前にダミーデータによる内容の精査やコードの修正などが必要になる可能性があることも覚えておきましょう。

VBAのマクロを実行する

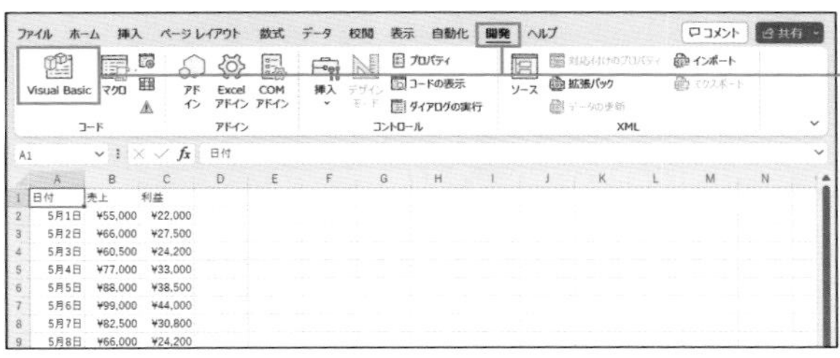

1 Excelを起動し、[ファイル]→[オプション]→[リボンのユーザー設定]の順にクリックし、[開発]をクリックしてオンにして、[OK]をクリックすると、[開発]タブが表示されます。[Visual Basic]をクリックします。

2 [挿入]→[標準モジュール]の順にクリックし、ChatGPTに書いてもらったVBAのコードを貼り付けます。

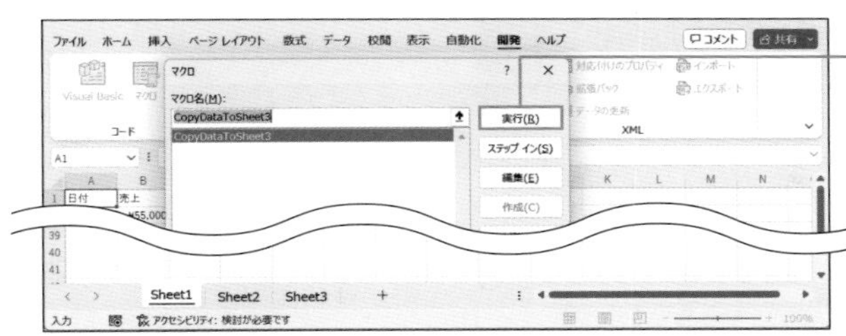

3 [開発]→[マクロ]の順にクリックし、実行するマクロを選択した状態で[実行]をクリックします。

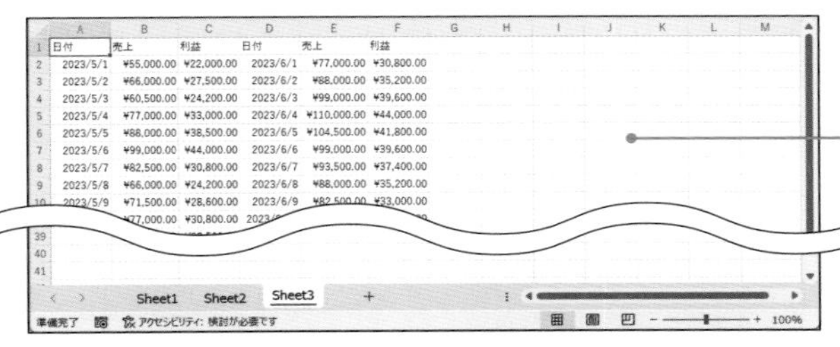

4 マクロが実行され、ここでは、Sheet1とSheet2のデータがSheet3にコピーされました。

COLUMN

マクロを含むブックを保存する

マクロを含めた状態でブックを保存したいときは、通常のExcelブック(.xlsx)ではなく、マクロ有効ブック(.xlsm)で保存します。マクロを含むブックを通常のブックとして保存しようとしたり、通常のブックにマクロを作成して上書き保存したりしようとすると、メッセージが表示されるので、必要に応じて保存し直しましょう。

088 ChatGPTのExcelアドインを使う

APIキーを取得する

ここでは、ExcelにアドインをChatGPTを追加してExcelから直接利用する方法を紹介します。アドインは「Excel Labs」(Microsoft公式、Excel 2016以降対応)や「ChatGPT for Excel」(Apps Do Wonders提供、Microsoft 365対応)があります。どちらを使う場合でも、まずはAPIキーの取得が必要です。

❶ 公式サイト(https://openai.com/blog/chatgpt)で画面右上の[Menu]をクリックし、[Log in]をクリックします。

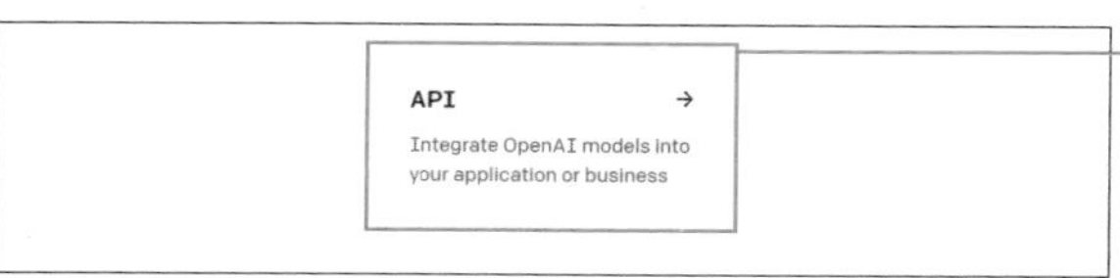

❷ P.22で登録したメールアドレスとパスワードを入力してログインし、[API]をクリックします。

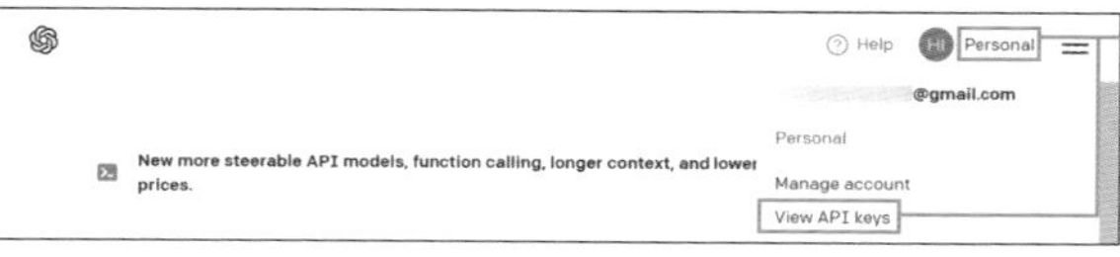

❸ [Personal]→[View API keys]の順にクリックします。

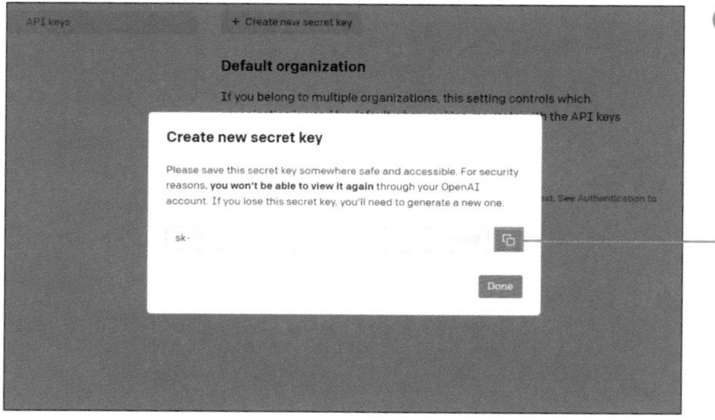

❹ [Create new secret key]→[Create secret key]の順にクリックすると、APIキーが作られます。をクリックしてAPIキーをコピーできます。なお、[Done]をクリックして画面を閉じると、APIキーの再コピーができなくなってしまうので、メモ帳などにペーストして、一時的に残しておくとよいでしょう。

ChatGPTのExcelアドインを追加する

1 Excelを起動し、[挿入]→[アドインを入手]の順にクリックし、「Excel Labs」アドインまたは「ChatGPT for Excel」アドインを検索して、[追加]→[続行]の順にクリックして追加します。

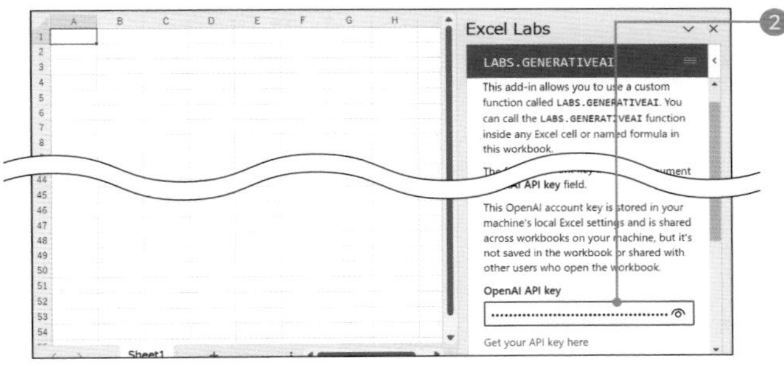

2 アドインを追加すると、画面右側にウィンドウが表示されます。「Excel Labs」の場合は、「LABS.GENERATIVEAI function」の[Open]をクリックし、「OpenAI API key」にP.124手順❹でコピーしたAPIキーをペーストすると、設定が完了します。

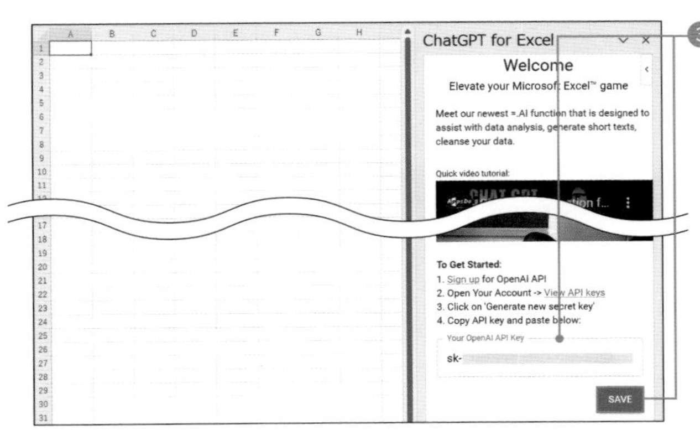

3 「ChatGPT for Excel」の場合は、「Your OpenAI API Key」にP.124手順❹でコピーしたAPIキーをペーストし、[SAVE]をクリックすると、設定が完了します。

COLUMN

APIキーの取り扱いに注意

APIキーを発行すると、無料で3か月以内に使える5ドル分のクレジットが付与されます。それ以上の利用には、課金が必要です。APIキーが流出すると、不正利用されて高額請求の可能性があるので、扱いには注意しましょう。なお、APIキーの支払い登録と有料版「ChatGPT Plus」の支払い登録は別となっています。

COLUMN

「Excel Labs」アドインと「ChatGPT for Excel」アドインの使い方

「Excel Labs」アドインや「ChatGPT for Excel」アドインを入手し、APIキーを設定すると、下記の関数が使えるようになります。回答が表示されるまでは、セルに「#Bビジー!」と表示されます。なお、意図したとおりの回答が表示されないことがあるのは、通常のChatGPTと同様です。

Excel Labs

- =LABS.GENERATIVEAI(prompt, [temperature], [max_tokens], [model])
  ChatGPTに質問を送信でき、回答を得られます。

ChatGPT for Excel

- =AI.ASK(prompt, [value], [temperature], [maxTokens], [model])
  ChatGPTに質問を送信でき、回答を得られます。

- =AI.LIST(prompt, [value], [temperature], [maxTokens], [model])
  数を指定すると、リスト形式で回答してもらえます。

- =AI.FILL(example, partial, [temperature])
  すでに入力されている範囲を「example」で参照指定し、「partial」に回答を予測してほしい項目を指定すると、ChatGPTが分析して補完した回答が表示されます。

- =AI.EXTRACT(value, extract)
  すでに入力されているセルを「value」に指定すると、「extract」で指定したデータを抽出できます。たとえば、数字を抽出することが可能です。

- =AI.FORMAT(value, format)
  すでに入力されているセルを「value」に指定すると、「format」で指定した形式に変換できます。たとえば、名前の姓と名の間のスペース削除したり、半角スペースを挿入したりといったことが可能です。

- =AI.TRANLATE(value, language)
  すでに入力されているセルを「value」に指定し、「language」に言語を指定すると、内容が翻訳されます。

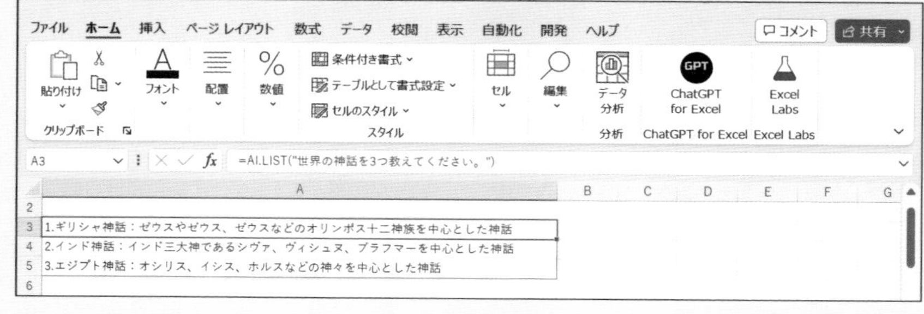

第8章 プログラミングでの活用

089 指定した内容でプログラムを書いてもらう

プログラムの内容を指定する

ChatGPTに依頼すれば、アプリケーションのプログラミングも可能です。プログラム内容や言語を指定すると、それに準じたソースコードを書き出してくれます。多数のプログラミング言語を扱うことができますが、すべてを網羅しているわけではなく、出力内容も誤っている場合があるため、最後は専門家や人の目によるチェックが不可欠です。

なお、出力されたソースコードの［Copy code］をクリックすると、ソースコードがコピーされます。そのままほかの場所へ貼り付けることができ便利です。

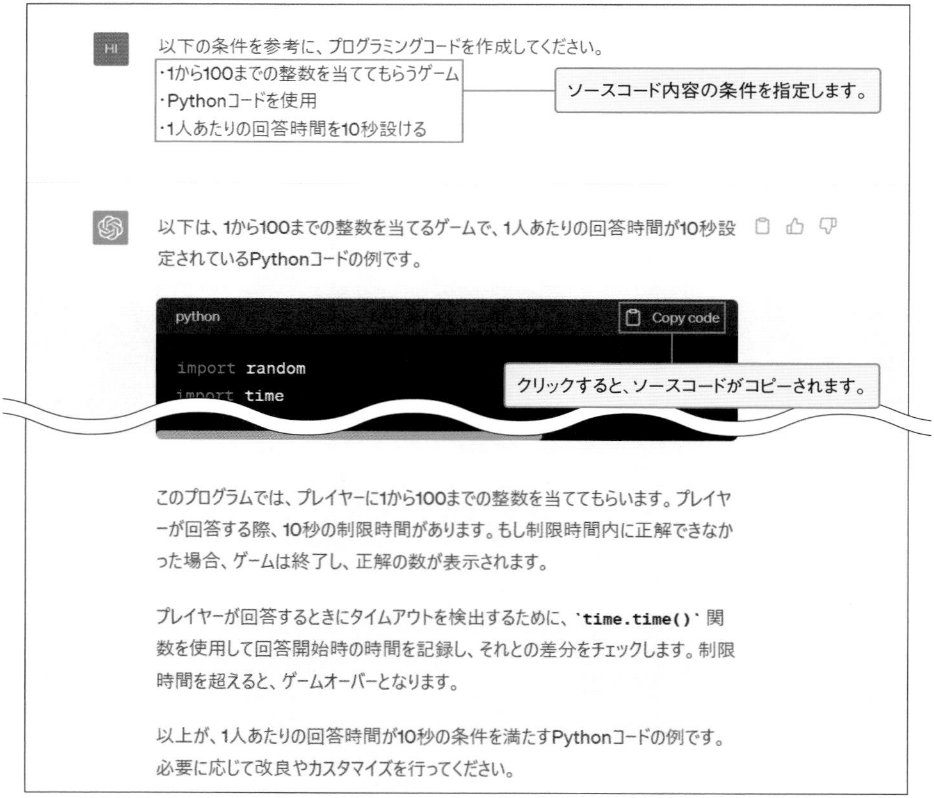

HI
以下の条件を参考に、プログラミングコードを作成してください。
・1から100までの整数を当ててもらうゲーム
・Pythonコードを使用
・1人あたりの回答時間を10秒設ける

ソースコード内容の条件を指定します。

以下は、1から100までの整数を当てるゲームで、1人あたりの回答時間が10秒設定されているPythonコードの例です。

python　Copy code

```python
import random
import time
```

クリックすると、ソースコードがコピーされます。

このプログラムでは、プレイヤーに1から100までの整数を当ててもらいます。プレイヤーが回答する際、10秒の制限時間があります。もし制限時間内に正解できなかった場合、ゲームは終了し、正解の数が表示されます。

プレイヤーが回答するときにタイムアウトを検出するために、`time.time()`関数を使用して回答開始時の時間を記録し、それとの差分をチェックします。制限時間を超えると、ゲームオーバーとなります。

以上が、1人あたりの回答時間が10秒の条件を満たすPythonコードの例です。必要に応じて改良やカスタマイズを行ってください。

ほかのプログラミング言語に書き直してもらう

以下の画面は、ChatGPTにソースコードを書いてもらったあとに、ほかのプログラミング言語を指定してソースコードを書き直してもらった例です。ここでは「JavaScript」を指定していますが、それ以外のプログラミング言語でも対応可能です(P.140参照)。

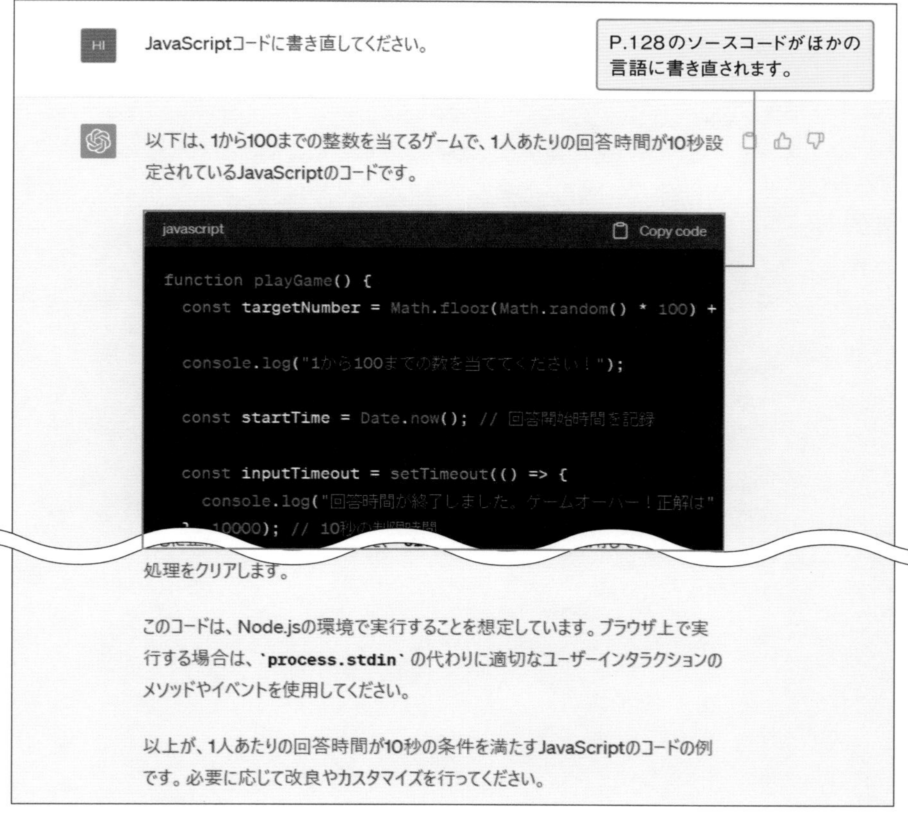

COLUMN

Code Interpreterの登場

2023年7月に、ChatGPT上でPythonのソースコードを実行できる「Code Interpreter」が有料版「ChatGPT Plus」のプラグインとして提供されました。これまでには行えなかったファイルの入出力に対応し、Pythonの実行環境を用意しなくてもChatGPT上で直接ソースコードの生成と実行が可能なため、データ分析やグラフ作成などがより手軽に行えるようになると注目を集めています。

090 プログラムを解析してもらう

ソースコードの各要素を解析する

ChatGPTは、大量のテキストデータを学習しており、多くのプログラミング言語に関する情報や一般的なプログラミングの概念、アルゴリズム、デザインパターンなどについての広範な知識と理解力を持っています。読みにくいソースコードや内容がわからないソースコードは、ChatGPTに解析・分析をお願いしてまとめてもらいましょう。その際に、ソースコードが作成された背景や目的など詳細な情報を提供すると、より鮮明なサポートを受けることができます。

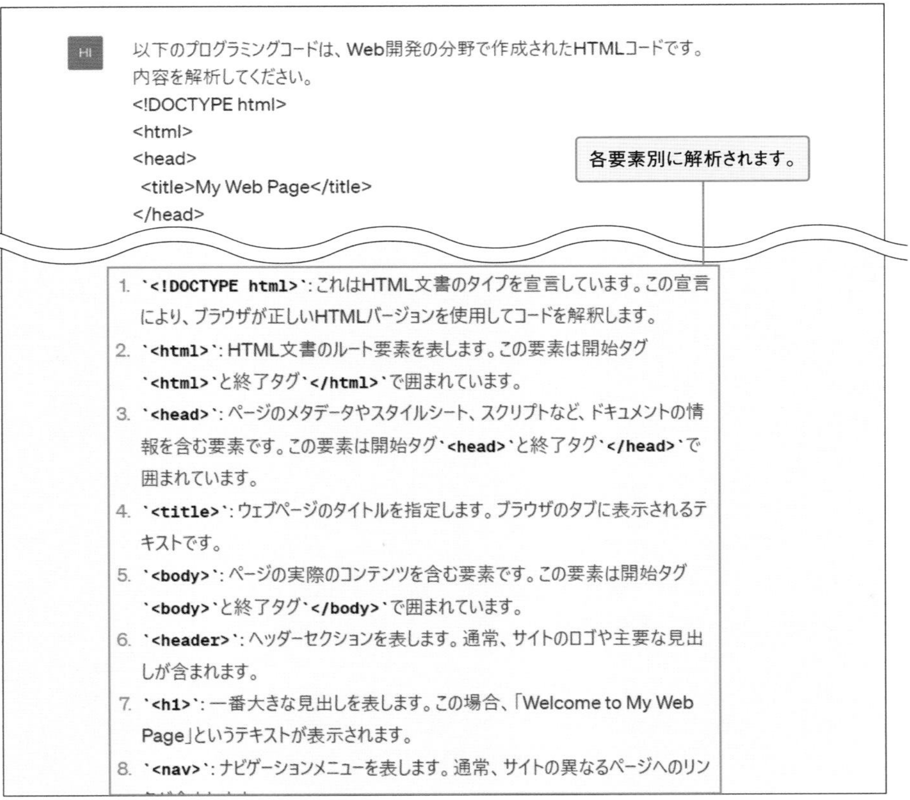

HI

以下のプログラミングコードは、Web開発の分野で作成されたHTMLコードです。
内容を解析してください。

```
<!DOCTYPE html>
<html>
<head>
 <title>My Web Page</title>
</head>
```

各要素別に解析されます。

1. `<!DOCTYPE html>`: これはHTML文書のタイプを宣言しています。この宣言により、ブラウザが正しいHTMLバージョンを使用してコードを解釈します。
2. `<html>`: HTML文書のルート要素を表します。この要素は開始タグ`<html>`と終了タグ`</html>`で囲まれています。
3. `<head>`: ページのメタデータやスタイルシート、スクリプトなど、ドキュメントの情報を含む要素です。この要素は開始タグ`<head>`と終了タグ`</head>`で囲まれています。
4. `<title>`: ウェブページのタイトルを指定します。ブラウザのタブに表示されるテキストです。
5. `<body>`: ページの実際のコンテンツを含む要素です。この要素は開始タグ`<body>`と終了タグ`</body>`で囲まれています。
6. `<header>`: ヘッダーセクションを表します。通常、サイトのロゴや主要な見出しが含まれます。
7. `<h1>`: 一番大きな見出しを表します。この場合、「Welcome to My Web Page」というテキストが表示されます。
8. `<nav>`: ナビゲーションメニューを表します。通常、サイトの異なるページへのリン

ソースコードを指定した観点で分析する

ChatGPTは、ソースコードを分析することができます。どのような観点から分析してもらいたいのかを指定すると、各項目からソースコードを批評してくれます。分析の質は、情報量に左右されることがあるため、分析内容があいまいな場合は、ソースコードの詳細を追加して再度出力してもらいましょう。

HI

プログラミングコードを、以下の観点別に分析してください。

・構文の正確性
・ロジックの適格性
・セキュリティ面
・改善の余地

分析してほしい観点を指定します。

```
from sklearn import datasets
from sklearn.model_selection import train_test_split
from sklearn.neighbors import KNeighborsClassifier

# サンプルデータの読み込み
data = datasets.load_iris()
X = data.data[:, :3]  # 色の特徴量を使用
y = data.target

# データセットの分割
X_test, y_train, y_ test_split(X, y_ 0.2,
```

以下は、与えられたプログラムコードの分析です。

構文の正確性:
プログラムの構文は正確であり、Pythonの構文ルールに準拠しています。特に構文エラーやタイポは見つかりません。

ロジックの適格性:
プログラムは一般的な機械学習の手法であるk-最近傍法（K-Nearest Neighbors）を使用しており、基本的な分類タスクを遂行しています。データセットを適切に分割し、モデルを作成し、学習させ、テストデータを予測しています。このロジックは一般的な機械学習タスクにおいて有効なものです。

セキュリティ面:
与えられたコードには直接的なセキュリティ上の問題はありません。ただし、セキュリティの観点からは、データの入力元や保存先、モデルの取り扱いなど、より広範なアプリケーションのコンテキストでセキュリティを考慮する必要があります。

改善の余地:
与えられたコードは基本的な機械学習タスクを実行するためのシンプルな例ですが、改善の余地もあります。以下はいくつかの改善点です。

091 自分で作ったプログラムを改善してもらう

改善案を出してもらう

自分で作成したソースコードに追加要素を加えたり、改善案を出してもらいたいときは、ChatGPTに相談してみましょう。既存のソースコードを、よりよくするために複数のアイデアを出してくれ、ただ修正するだけではなく、どの部分に着目して改善したのかを教えてくれます。もちろん、こちらから進んで「○○の部分を改善したい」と入力すれば、条件に合うように要素を追加・縮小してくれるので、何度かやり取りを続けてブラッシュアップさせましょう。

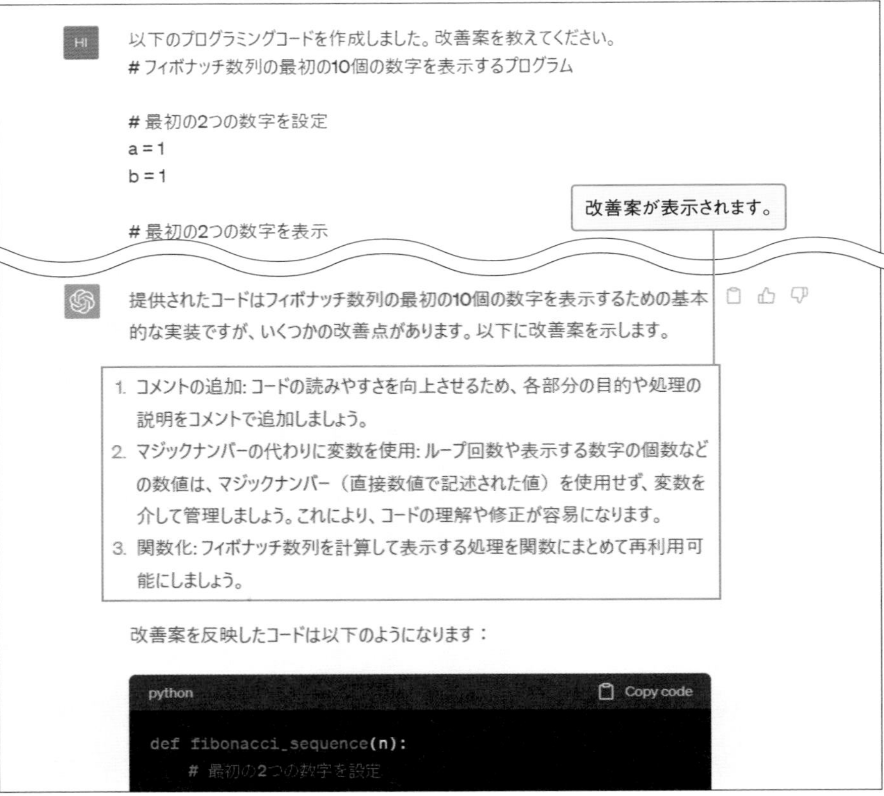

改善してほしい内容を指示する

自作のソースコードで改善したい要素がある場合は、ChatGPTに改善してほしい内容を指定してみてください。もとのソースコードの機能を維持したまま、部分的に修正してくれます。

092 命令文や関数の意味を教えてもらう

プログラミング言語の命令文や関数の意味を調べる

ChatGPTは、膨大な量のデータを学習していますが、その中にはプログラミングに関連する情報も含まれています。そのため、「Pythonのif文の使い方について教えてください。」「Pythonのprint関数の使い方について教えてください。」のように、プログラミング言語の命令文や関数の意味や使い方を、教えてもらうことができます。ここでは、Pythonのwhile文の使い方について教えてもらいました。

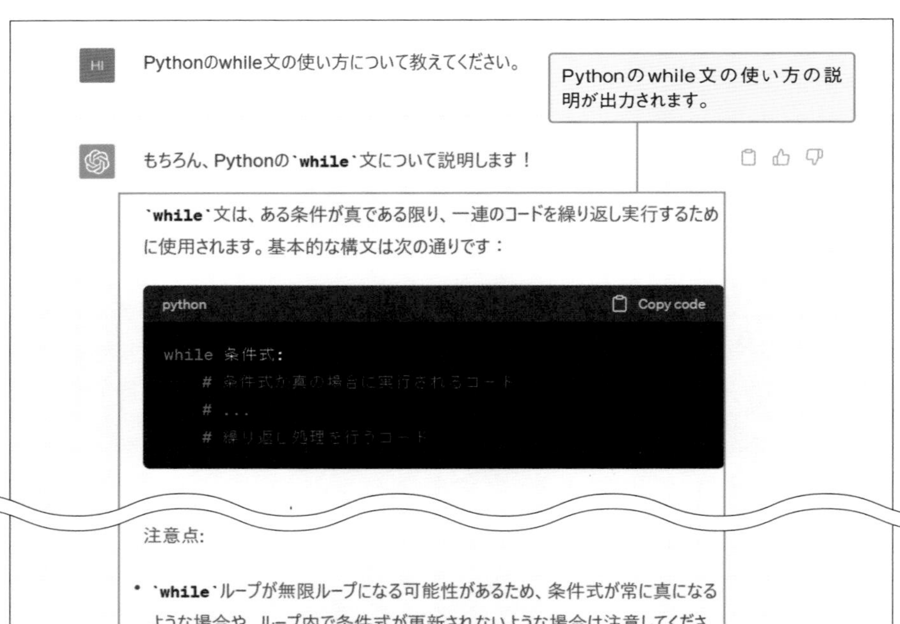

093 エラーメッセージの原因を調べてもらう

エラーの原因と修正例を出してもらう

ChatGPTに、ソースコードの間違いを指摘・修正してもらうことができます。「以下のプログラミングコードで、エラーが発生しました。原因を教えてください。」と入力したあとに、エラーメッセージが表示されたソースコードを入力すれば、ChatGPTが原因を探り、エラーの原因や誤っているコード、修正例、修正された全体のソースコードを出力してくれます。

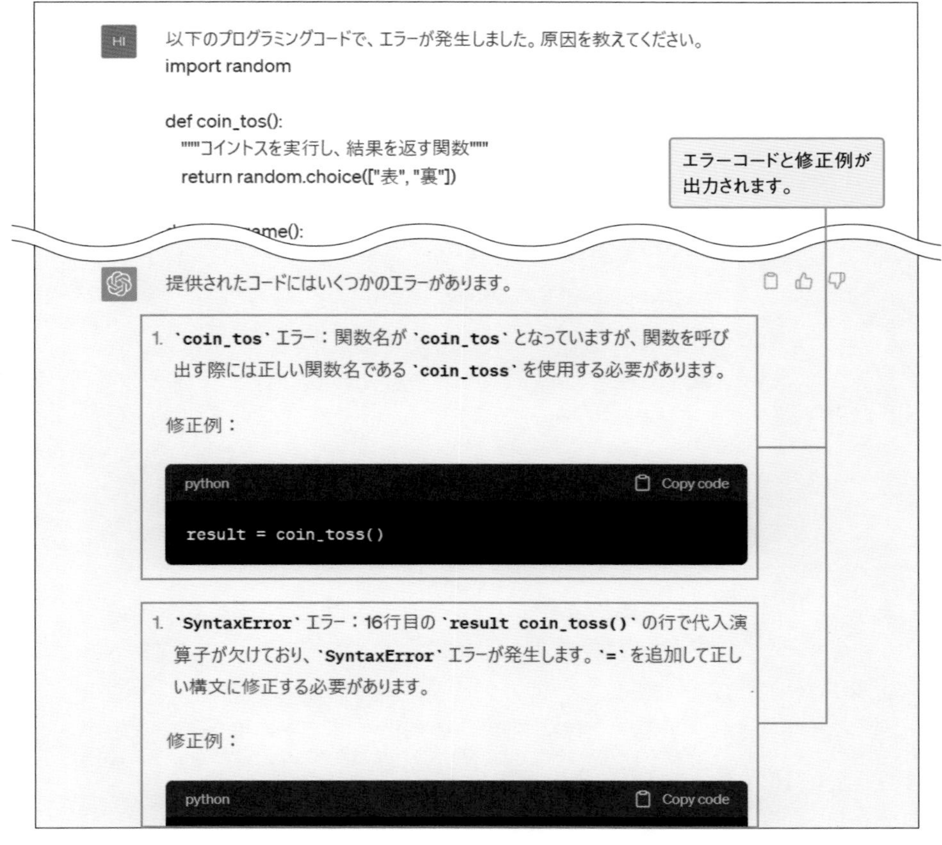

第8章 プログラミングでの活用

094 プログラミング学習に役立てる

プログラミング問題の出題ができる

ChatGPTをプログラミング学習に役立てることもできます。たとえば、プログラミングに関する疑問、自作コードのレビュー、データの説明、ソースコードの設計などを相談することが可能です。ただし、正確さには欠ける部分があるため、自主学習のサポートツールとして使用し、オンラインスクールなどほかのサービスとの併用が有効です。

ここでは、ChatGPTにプログラミングの問題を出題してもらっています。「回答を教えて」「添削して」「ヒントを出して」などと入力すれば、学習支援をしてくれます。

HI 初心者向けにループ構文を使用したプログラミング問題を作成してください。

問題の内容を指定します。

ここにいくつかの初心者向けのループ構文を使用したプログラミング問題を用意しました。問題を読んで、指示に従ってコードを書いてみてください。

問題1:
1から10までの整数を出力するプログラムを作成してください。

問題2:
ユーザーに数字を入力してもらい、その数字までの合計を計算して表示するプログラ
…てください。例えば、…が5を入力した場合、…3 + 4 + 5
計となる数列…、1, 1, 2, 3, 5, 8, 13, …と続きます。

これらの問題を解くためには、ループ構文（例: forループ、whileループ）を使うことが求められます。順番に取り組んでみてください。もし質問があればどうぞ！

> COLUMN
>
> **そのほかの学習に役立てる**
>
> 上記の例を応用して、プログラミング以外の学習にChatGPTを役立てることも可能です。たとえば英語の学習であれば、テキストベースの英会話の相手になってもらったり、英作文を添削してもらったりするほか、英単語の問題を作ってもらったりすることも可能です。

095 フローチャートを作成してもらう

フローチャートの内容を指定する

フローチャートとは、「フロー図」とも呼ばれ、業務のプロセスや業務フローのステップ、システム、順序、判断、コンピュータアルゴリズムなどを可視化した流れ図のことです。矢印や図形、テキストなどの要素を使って、処理や決断の流れを示し、コンピュータのプログラミングや作業管理、ソフトウェア開発、プロジェクト管理など、多種多様な分野で利用されています。

ChatGPTに作成したいフローチャートの具体的な内容や、プロセスの開始点と終了点、形式などを指定すれば、テキストベースですぐに作成してくれます。

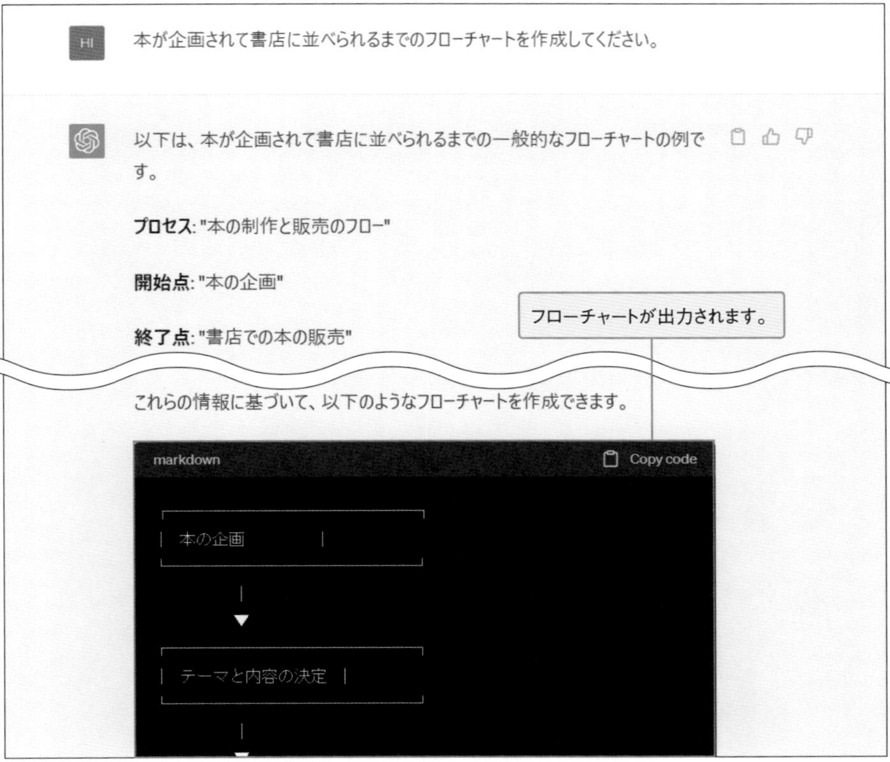

096 HTMLコードを作成してもらう

HTMLコードの内容を指定する

HTML (HyperText Markup Language) とは、マークアップ言語です。主にWebページを作成するために使用され、ページ内のテキストや画像、リンク、表などの情報を使用してコンテンツを構造化することにより、見出し、本文、サイドバーなどを明確化する目的があります。

ChatGPTに、作成したいWebページのタイトル、ヘッダー、ナビゲーションバー、本文のセクション、段落、画像、リンクなどコンテンツ要素の詳細を指定すると、その条件に応じたHTMLコードを作成してくれます。

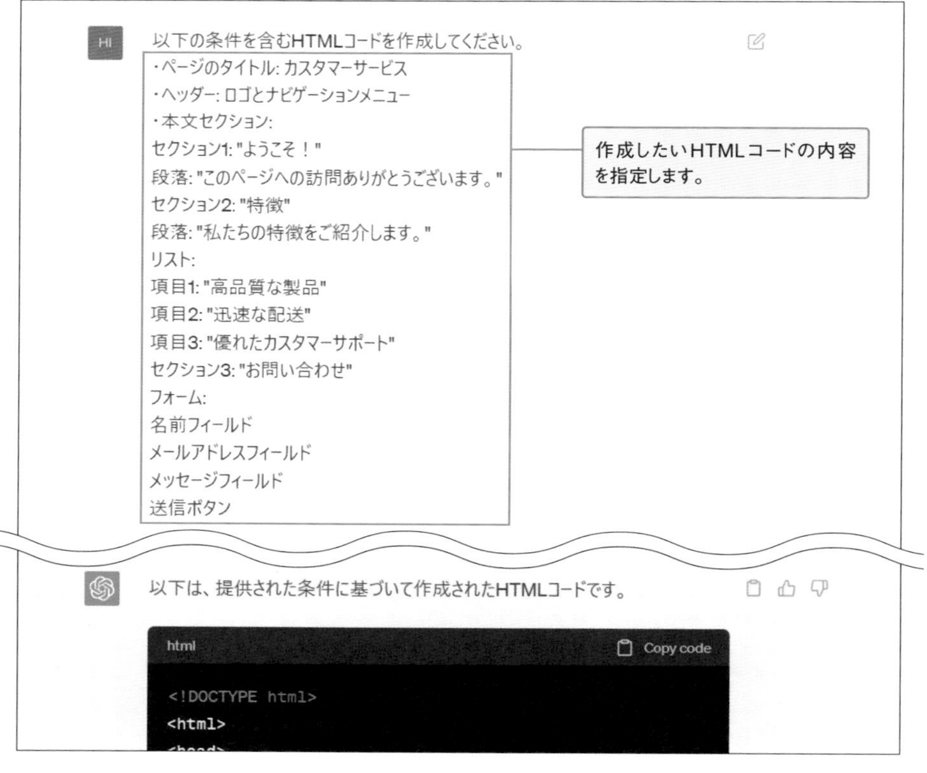

097 CSSコードの意味を教えてもらう

CSSコードの内容を調べる

CSS (Cascading Style Sheets) とは、スタイルシート言語です。WebページやWebアプリケーションの見た目やスタイルを指定するために使用されており、色、フォント、レイアウト、背景、アニメーションなどをカスタマイズする役割を担っています。書きたいCSSコードの内容や、特定のHTMLコードに含まれるCSSコードの内容を調べるときに、ChatGPTを利用することができます。ソースコードを作成してくれたり、どのような内容のソースコードなのかを説明したりしてくれます。

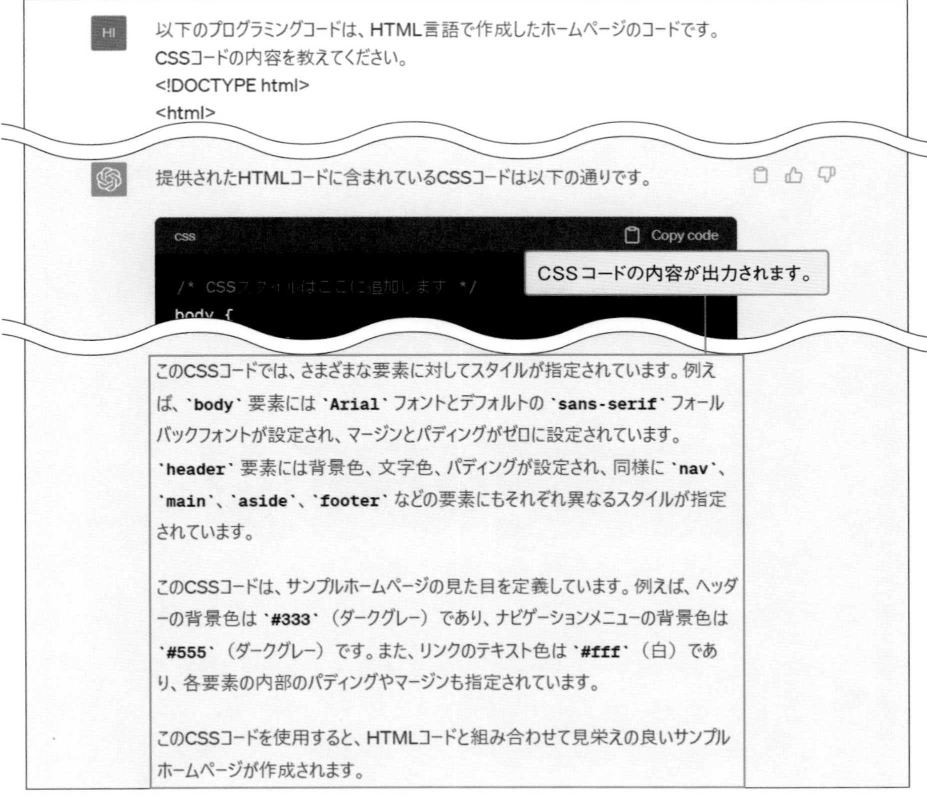

COLUMN

ChatGPTで対応しているプログラミング言語

「ChatGPTで扱えるプログラミング言語をすべて教えてください。」と質問すると、扱えるプログラミング言語が表示されます。ここでは、Python、JavaScript、Java、C++、C#、Ruby、PHP、Swift、Go、Rust、TypeScript、Kotlin、MATLAB、Rなどに対応していると表示されました。そのほかにも、P.138～139で紹介しているHTMLおよびCSS、第7章で紹介したExcel VBA、データベースを操作するSQL、文字列のパターンマッチングに使う正規表現にも対応しています。それ以外にも対応しているプログラミング言語はあるようなので、まずは使用するプログラミング言語が対応しているかChatGPTに確認してみるとよいでしょう。

HI ChatGPTで扱えるプログラミング言語をすべて教えてください。

ChatGPTは多くのプログラミング言語に対応しています。以下にいくつか一般的なプログラミング言語のリストを示しますが、これに限定されるものではありません。

1. Python
2. JavaScript

また、プログラミングの応用例として、PythonとExcelを連携した自動化のプログラムも作成できます。Webページから情報を取得してExcelに書き込む「Webスクレイピング」など、1から学ぶには難しい操作もCharGPTに手伝ってもらいましょう。「ExcelとPythonでWebスクレイピングする方法を教えてください。」のように質問して操作を学びながら試してみるのもよいと思います。

HI ExcelとPythonでWebスクレイピングする方法を教えてください。

ExcelとPythonを使用してWebスクレイピングを行うためには、いくつかのライブラリを使用する必要があります。主要なライブラリは次の通りです。

1. スクリプトの実行: コマンドプロンプトまたはターミナルでスクリプトを実行します。

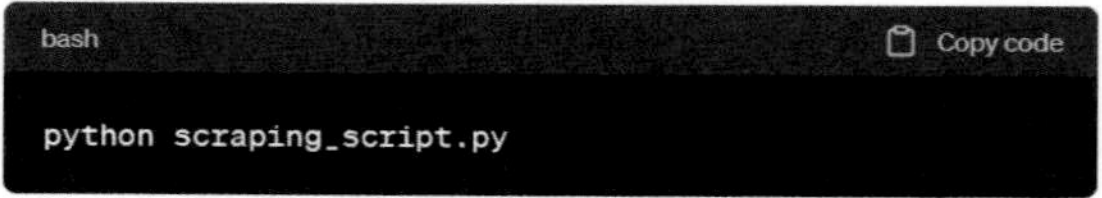

スクリプトが正常に実行されると、指定したExcelファイルにスクレイピングしたデータが保存されます。

この手順は、基本的なWebスクレイピングの例です。複雑なウェブサイトのデータをスクレイピングする場合には、HTML構造を理解し、必要なデータを適切に抽出するための追加の手順やライブラリの使用が必要になる場合があります。

第9章

さまざまなAIサービスの活用と連携

098 BingのAIチャット検索を活用する

BingのAIチャットとは

2023年2月、Microsoftが提供する検索エンジン「Bing」に、GPT-4（P.15COLUMN参照）を搭載したAIチャットが導入されました。Microsoftアカウントがあれば1つのトピックで質問を30回（1日300トピックが上限）、Microsoftアカウントなし（ゲストユーザー）ではトピック内で質問を5回、ChatGPTと同様チャット形式でかんたんに検索することができます（2023年8月現在）。

BingのAIチャットを利用するには、Bingのトップページ（https://www.bing.com/）にアクセスし、画面上部の［チャット］をクリックすると、AIチャットを行える画面が表示されます。画面下部の入力フィールドにプロンプトを入力すると、Bing AIからの回答が生成されます。また、通常のBingの検索画面を使用中でも、右上のⓑをクリックすればAIチャット画面を表示できるため、調べ物とAIチャットとのやり取りを同時に行うことも可能です。

生成された回答に対しては「いいね！」「低く評価」「コピー」「エクスポート」などの操作が行え、これまでのチャットのやり取りは画面右に表示される「最近のアクティビティ」に保存されます。

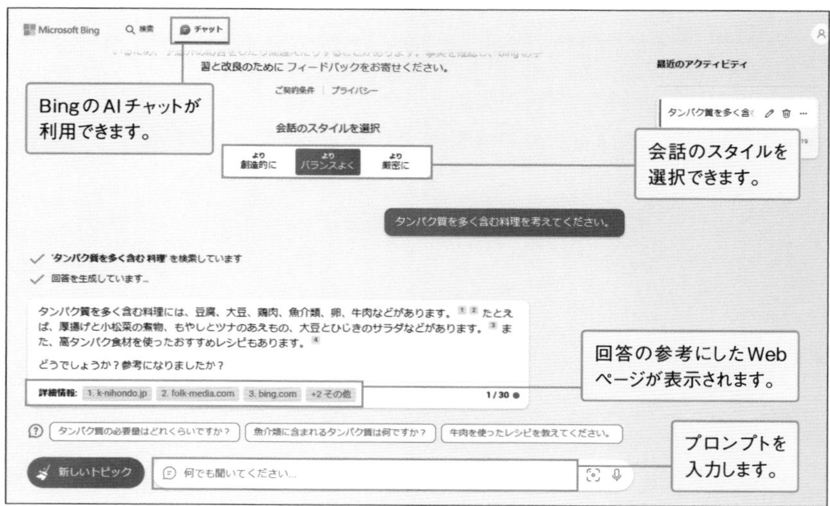

ChatGPTと違う点を知る

ChatGPTとBing AIはどちらも言語モデル「GPT」をベースに開発されたツールであり、チャットで質問できるという形式は同じですが、いくつか異なる点があります。

まずBing AIでは、会話のスタイルを「独創性」「バランス」「厳密」の3つから選択できます。ChatGPTでも一度生成された回答の文体を直してもらうことは可能ですが、Bing AIでははじめにスタイルを選択し、以降のすべてのやり取りに反映させることができるのです。

次に、ChatGPTはテキストのみ回答しかできないのに対し、Bing AIは画像や動画を使った回答を生成できます。たとえば「柴犬の画像を見せてください」と入力すればBingの画像検索でヒットした画像が表示され、「赤い首輪を付けた猫の画像を作成してください」と入力すれば要望に沿った画像が生成されます。

そして、ChatGPTの場合は2021年9月以降の情報には回答できませんが、Bing AIでは最新の情報を含めたWebページを参照して回答が生成されます。参照元のWebページの情報は回答の下に明示されるため、情報の正誤を確認する際にも便利です。

Bing AIはChatGPTに比べてまだ利用者数が少ないですが、GPT-4が無料で使えるというのは非常に魅力的です。Bing AIは今後Microsoftの他サービスとの連携も検討されており、機能面のさらなる充実が期待できるツールといえます。

COLUMN

スマートフォンでBingのAIチャットを利用する

Bingはスマートフォン用アプリも提供されています。インストールや使用方法についてはMicrosoft Bingのホームページ（https://bingapp.microsoft.com/bing）を確認してください。

099

Google Bardを活用する

Google Bardとは

2023年2月、GoogleからAIチャット「Google Bard」が発表されました。2023年8月現在ではまだ試用版ですが、Googleアカウントがあれば無料で利用でき、チャットの回数制限などもありません。ChatGPTやBing AIにはOpenAIの言語モデル「GPT」が搭載されていますが、Google BardにはGoogleが開発した言語モデル「LaMDA(ラムダ)」が採用されています。

Google Bardを利用するには、Google Bard(https://bard.google.com/)にアクセスし、[Bardを試す]をクリックします。「利用規約とプライバシー」画面が表示されるので、最後まで内容を確認し、[同意する]をクリックします。「Bardは試験運用中のサービスです」画面で[続行]をクリックすると、チャットを行える画面が表示されます。画面下部の入力フィールドにプロンプトを入力すると、Google Bardからの回答が生成されます。

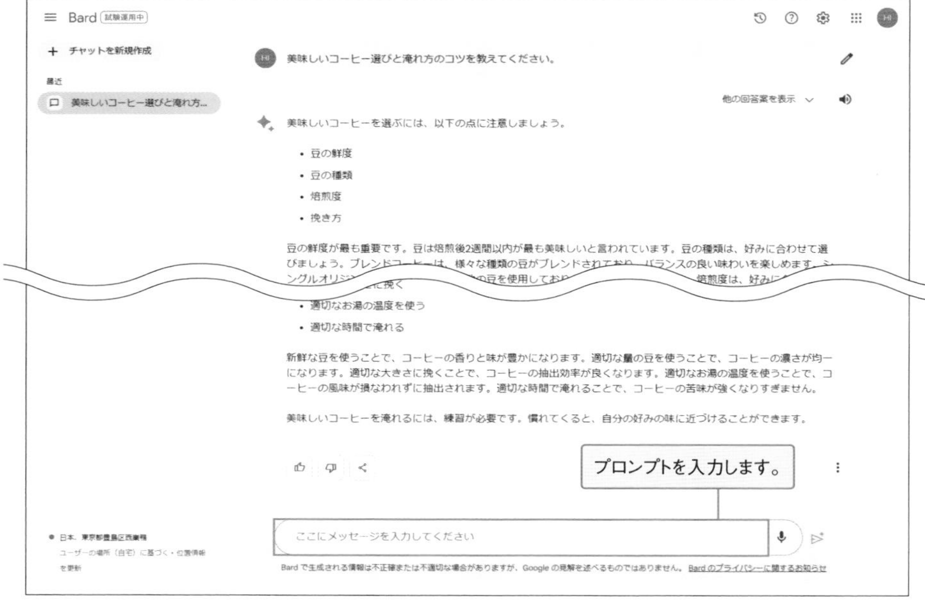

Google Bardが得意とする点を知る

ChatGPTやBing AIで採用されている「GPT」が、テキストの生成や言語処理のタスクを行うために設計された言語モデルであるのに対し、Google Bardで採用されている「LaMDA」は、人間と自然な対話を行うために設計された言語モデルとされています。このことから、Google Bardはほかのツールと比べてより自然な回答の生成が得意であるといえるでしょう。

回答の右上にある［他の回答案を表示］をクリックすると別の回答案が表示され、3つの中から選択できます。質問の答えが複数ある場合や質問内容があいまいな場合は、別の回答を参照してみるとよいでしょう。選択した回答案は、前回の回答に上書きする形で全文が表示されます。

また、ChatGPTの場合は学習済みのデータから情報を探して回答を生成しますが、Google Bardは正確な情報を高速で出力するためにGoogleの検索技術を利用して回答を生成しています。そのため、Bing AIと同様に最新の情報の反映も可能としています。

2023年8月の時点ではまだ試用運用の段階ですが、もともとGoogleが抱えるユーザー数の多さや、Googleレンズの導入、生成テーブルをGoogleスプレッドシートへの直接エクスポート可能といったほかのGoogleサービスとの連携から、今後利用者数が増えていくと期待されています。

100 AIでイラストを生成する

イラスト生成AIとは

イラスト生成AIとは、入力したテキストからイラストを生成できるAIのことを指します。イラスト生成AIにはさまざまなサービスがあり、海外製や開発段階のものが多いですが、イメージどおりの高品質なイラストをかんたんに生成できると、全世界で注目を集めています。代表的なサービスは以下のとおりです。

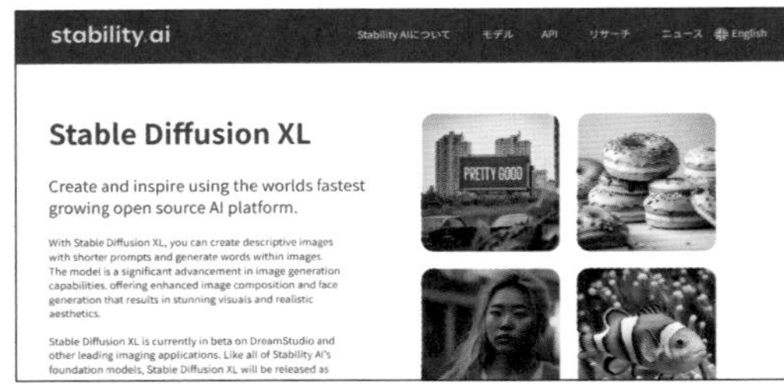

「Stable Diffusion」(https://ja.stability.ai/stable-diffusion)は、Stability AIによって開発された生成系AIです。英単語でプロンプトを入力することで、その内容をもとにイラストや写真のような画像を生成することができます。

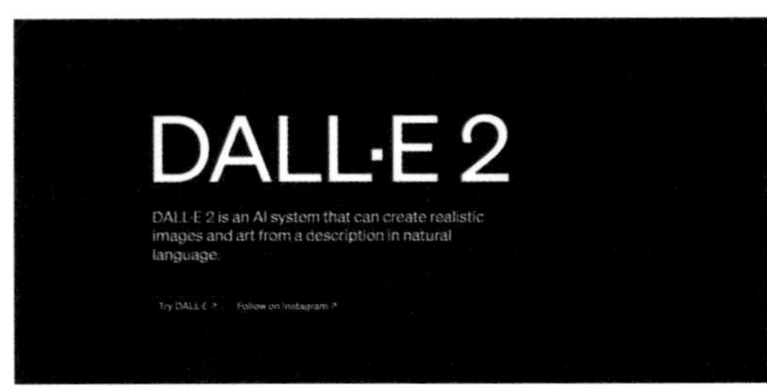

「DALL·E 2」(https://openai.com/dall-e-2)は、ChatGPTを提供するOpenAIが開発した生成系AIです。生成されたイラストや写真などの画像はDALL·E 2上で再編集することも可能で、理想的なイメージを作り上げることができます。

「NovelAI」(https://novelai.net/)　は、Anlatanが提供する生成系AIです。もともとは小説の生成がメインのサービスでしたが、アニメのようなタッチのイラスト生成も可能で、スマートフォンでも利用することができます。

Stable Diffusionでイラストを生成する

ここでは、「Stable Diffusion」を利用してイラストを生成します。Stable Diffusionはオープンソースのため無料で利用できますが、「DreamStudio」や「Hugging Face」などといったWebアプリケーション上の環境で生成する必要があります。また、自身で作成した環境にStable Diffusionをインストールしたり、コードを書き込んだりして生成することも可能です。ローカル環境やGoogle Colaboratoryで使用したい場合は、GitHubで公開されているコードを確認しましょう。

ここで紹介する「DreamStudio」は、初回サインイン時に無料で25クレジットが付与され、使い切り後は10ドル単位でクレジットを購入することが可能です。

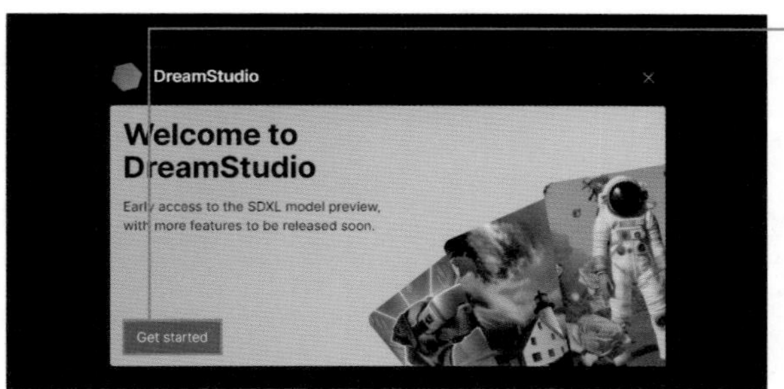

1 Webブラウザで「DreamStudio」(https://beta.dreamstudio.ai/generate)にアクセスし、[Get started]→チェックを付けて[Accept]→[Login]の順にクリックします。任意の方法でサインインし、[Accept]をクリックすると、DreamStudioの画面が表示されます。

2 DreamStudioの画面左側の「Style」を[Anime]や[Comic book]などに設定します。

3 「Prompt」にプロンプトを入力します(P.150参照)。

4 「Settings」でアスペクト比や生成する画像枚数を変更します。

5 [Dream]をクリックします。

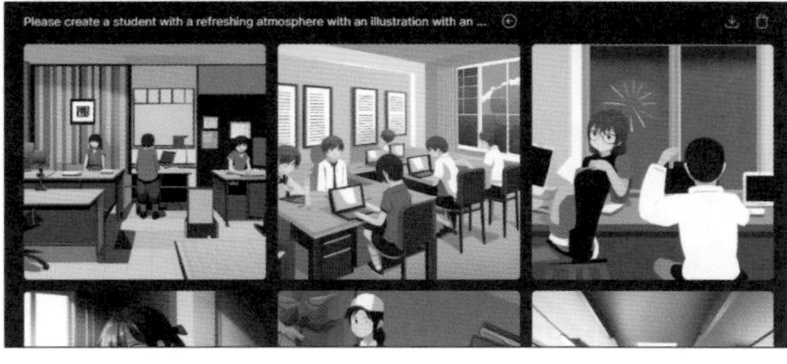

6 イラストが生成されます。

101 AIで写真を生成する

画像生成AIとは

画像生成AIとは、入力したテキストから写真のような画像を生成できるAIのことを指します。P.146で紹介したサービスにはイラストに特化したものもありましたが、現実世界を忠実に再現したリアルなタッチで写真のような画像を生成できるサービスも多くあります。代表的なサービスは以下のとおりです。

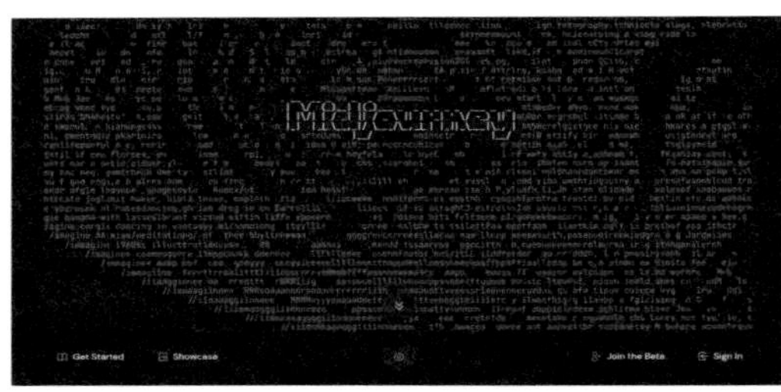

「Midjourney」(https://www.midjourney.com)は、チャットアプリ「Discord」を通してプロンプトを入力します。2023年8月時点では有料プランのみの提供となっていますが、精度の高さと利用しやすいインターフェイスが魅力です。

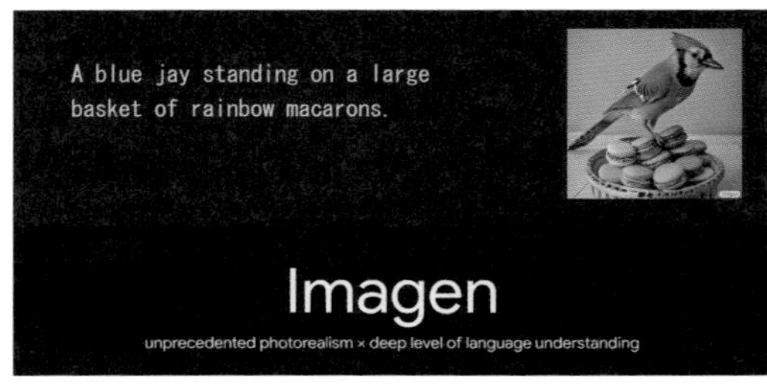

「Imagen」(https://imagen.research.google)は、Google AIが開発した生成系AIです。ほかの生成系AIよりも忠実度が優れているといわれており、より自然でリアルな画像の生成が可能です。

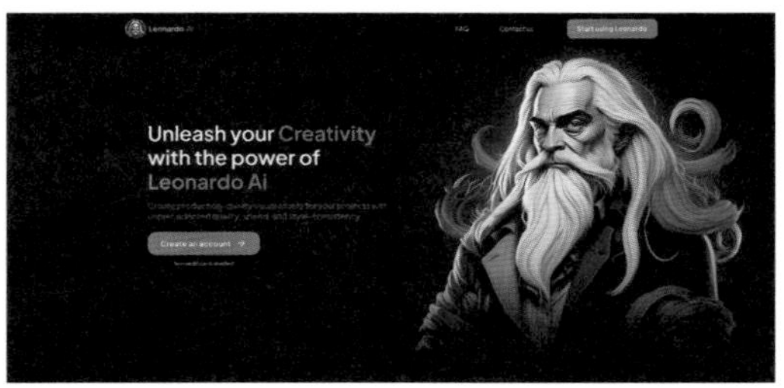

「Leonardo.ai」(https://leonardo.ai)は、2022年に設立されたばかりのCreatrが開発した生成系AIです。生成されたイラストや写真などの画像は商用利用も可能で、世界中で多くのユーザーに利用されています。

Stable Diffusionで写真を生成する

ここでは、P.147でも紹介した「Stable Diffusion」と「DreamStudio」を利用して写真を生成します。画像生成AIはイラスト生成AIも含めて説明されることもあり、同じサービスであってもテイストやタッチを指定することで写真のような画像の生成が可能になります。

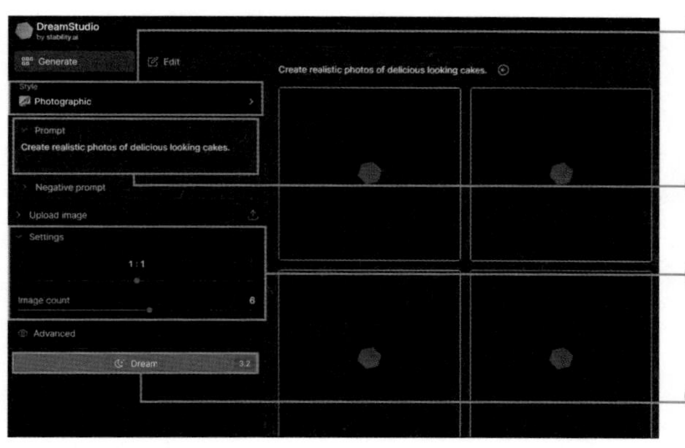

1. DreamStudioの画面左側の「Style」を[Photographic]や[Cinematic]などに設定します。
2. 「Prompt」にプロンプトを入力します(P.150参照)。
3. 「Settings」でアスペクト比や生成する画像枚数を変更します。
4. [Dream]をクリックします。

5. 写真が生成されます。

COLUMN

DreamStudioで生成したイラストや写真の商用利用

Stability AIは、Stable DiffusionとDreamStudioで生成した画像は、基本的に商用利用を可能としています。しかし、既存の画像を使用して新たな画像を生成するなどした場合は、著作権侵害にあたる可能性もあります。インターネットからダウンロードした画像などを利用する際は、事前にもとの画像の著作権や肖像権といった権利、商用利用などの規約を確認しておきましょう。

102 イラストや写真を生成するためのプロンプトをChatGPTで作る

画像生成AI用のプロンプトを作ってもらう

「Stable Diffusion」などの画像生成AIで、思いどおりのイラストや写真を生成するには、テキスト（プロンプト）の組み立てが重要です。プロンプトは英語で記述する必要がありますが、ChatGPTに画像のイメージを英語に翻訳してもらったり、単語に区切ってもらったりすることで、かんたんに作れます。以下は「街を歩く青い服を着た女性」の画像を生成するプロンプトをChatGPTで作成し、余分な単語やカンマを整理してStable Diffusionで実際に生成した例です。

HI 次の文章を英語に翻訳してください。
街を歩く青い服を着た女性

HI 翻訳した文章を文節探知して、カンマ区切りの英単語にしてください。

A, woman, wearing, a, blue, outfit, walking, through, the, city.

COLUMN

プロンプトガイドを参考にする

「DreamStudio」（P.147参照）の公式サイトでは、基本的なプロンプトの要素などが説明されているプロンプトガイドが公開されています（https://beta.dreamstudio.ai/prompt-guide）。

103 有料版のChatGPT Plusを使う

ChatGPT Plusでできること

ChatGPTは無料版でも十分な利用が可能ですが、月額課金制（2023年8月時点の日本円で約2,900円）の有料版「ChatGPT Plus」も用意されています。

ChatGPTの特徴はGPT-3.5の後継モデルのGPT-4（P.15COLUMN参照）が利用できることで、これに伴い回答の速度や精度が向上し、長文の出力も可能になりました。そのほかにもアクセスが集中する時間帯でもスムーズに接続できること、プラグイン（P.152参照）を利用できること、新機能を優先的に利用できること、公式のサポートが受けられること、などが挙げられます。日常的にChatGPTを使用するのであれば、高性能で快適に利用できるChatGPT Plusへのアップグレードを検討してみましょう。

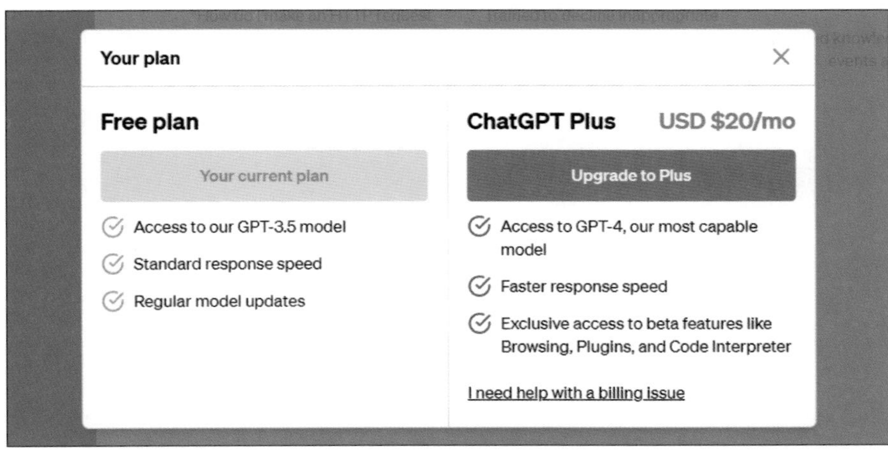

COLUMN

ChatGPT Plusにアップグレードする

ChatGPT Plusにアップグレードするには、サイドバーの下部にある［Upgrade to Plus］（P.24参照）をクリックします。［Upgrade plan］をクリックし、支払い情報を入力して、申し込みを行いましょう。解約する場合はサイドバーから［My account］→［Manage my subscription］の順にクリックし、［プランをキャンセル］をクリックします。

104 ChatGPT Plusで便利なプラグインを利用する

プラグインとは

有料版のChatGPT「ChatGPT Plus」では、GPT-4と連携したさまざまなプラグインを活用することができます。ChatGPTプラグインとは、ChatGPTの機能を拡張させることができるツール群のことで、無料版のChatGPTだけではできなかったグラフの作成や、Webからの最新情報の取得、YouTube動画の要約などが可能になります。2023年8月時点で、600個以上ものプラグインが公開されています。また、プラグインは3つまで組み合わせて使うこともできるので、導入すれば、ChatGPTの活躍の場がますます増えます。

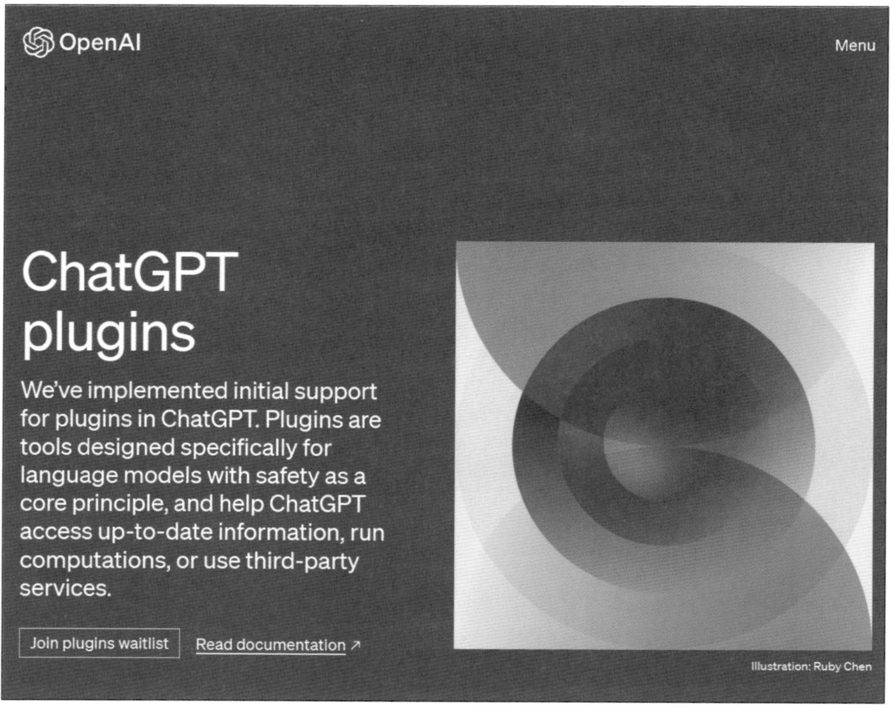

便利なプラグインを知る

ここでは、数あるChatGPTプラグインの中からおすすめのものをいくつか紹介します。

SEO.app

SEO（検索エンジン最適化）に特化したプラグインです。キーワードを入力すると、記事の構成案や記事そのものを作ってもらうことができます。

WebPilot

指定したURLをもとにした回答を生成してくれるプラグインです。主にWebページの要約などができます。リンク先がPDFであれば、その内容を要約することも可能です。

Prompt Perfect

入力したプロンプトを自動的に最適化して、ChatGPTの回答の質を高めてくれるプラグインです。利用時は、質問の最後に「perfect」と入力します。

Show Me

テキストからグラフやチャート、マインドマップなどを作成できるプラグインです。

Video Insights

YouTubeなどの動画サイトにアップロードされている動画の文字起こしや要約ができるプラグインです。

Photorealistic

画像生成AI用のプロンプトがかんたんに作れるプラグインです。簡潔なキーワードを送るだけでも品質の高いプロンプトが生成されます。

Kakaku.com

「価格.com」の情報を参照して商品価格などを比較できるプラグインです。

Tabelog

「食べログ」の情報を参照してレストランを検索できるプラグインです。

105 スマートフォンでChatGPTを利用する

スマートフォンのアプリ版が利用できる

　ChatGPTが利用できるのは、パソコンだけではありません。iPhoneやiPadで手軽にChatGPTを使うことができるiOS版（iPadOS版）や、Androidスマートフォンで利用できるAndroid版のアプリがリリースされています。アプリではキーボードからのテキスト入力だけでなく、音声によるテキスト入力も可能です。

　アプリを利用するには、iOS版はApp Storeで、Android版はPlayストアでそれぞれ「ChatGPT」アプリを検索、または下のQRコードを読み取ってインストールします。パソコン版と同様にOpenAIアカウントが必要なため、アプリを起動してアカウントを新規作成するか（P.22～23参照）、既存のアカウントでサインインしましょう。

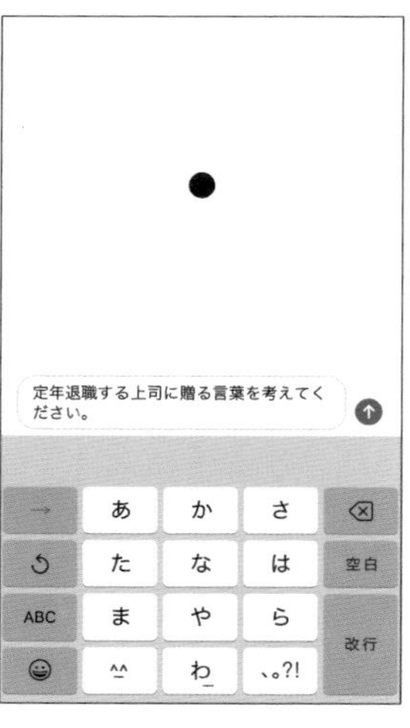

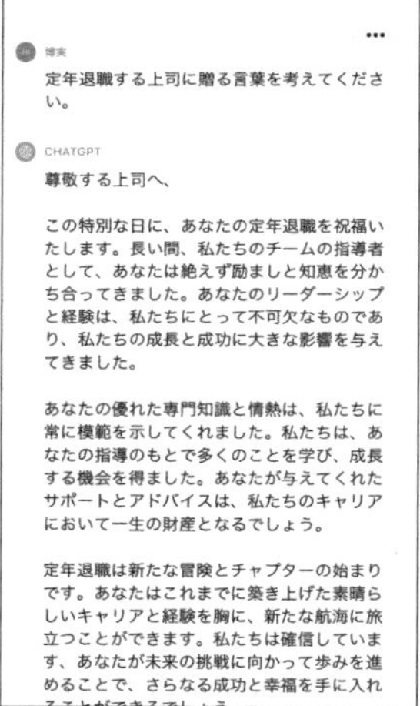

iOS版「ChatGPT」アプリ

Android版「ChatGPT」アプリ

106 LINEでChatGPTを利用する

LINEで利用できるアカウント

ChatGPTは、LINEの「AIチャットくん」(picon)というサービスでも利用が可能です。スマートフォンユーザーの多くが利用している「LINE」アプリでChatGPTを試せることから注目を集め、リリース後約2ヶ月で友だち数が150万人を突破しています。

AIチャットくんの利用にアカウント作成やサインインは不要で、「LINE」アプリの検索欄からAIチャットくんの公式アカウントを検索し、友だち追加します。追加後にトークルームの[キーボードを開いて入力]をタップすると、通常のLINEのようなやり取りでChatGPTを利用できるようになります。

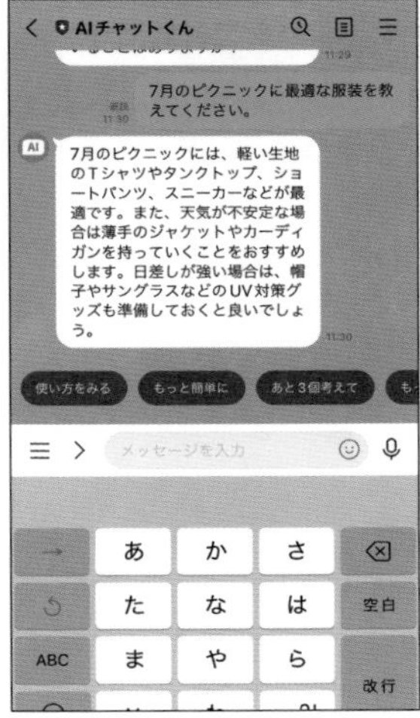

> COLUMN
>
> **AIチャットくんの有料プラン**
>
> AIチャットくんに質問できるのは1日5回までで、制限回数に到達すると、有料のプレミアムプランの案内が表示されます。回数無制限で利用したい場合は加入を検討してみましょう。プレミアムプランには年額9,800円、月額980円の2つのプランがあり、月額プラン加入後3日間は無料でお試しができます(2023年8月時点)。

107 WebブラウザのB拡張機能でChatGPTを使う

便利なChromeの拡張機能

GoogleのWebブラウザ「Google Chrome」には、無料の拡張機能が数多く配信されており、その中にはChatGPTと連携させて使える便利な拡張機能もあります。たとえば、「ChatGPT for Google」を導入すると、以下のように、Google検索したときに、画面の右側にChatGPTの回答もいっしょに表示されます。また、「Merlin AI powered by ChatGPT API 日本語」を導入すると、Ctrl + Mのショートカットキーでchatgptを利用できるウィンドウを呼び出せるようになります。このほかにも、インターネット上の最新情報を回答に反映できる「WebChatGPT」、YouTube動画やWeb記事内容を要約してくれる「YouTube & Article Summary powered by ChatGPT」、音声入力でChatGPTとやり取りができる「Promptheus - Converse with ChatGPT」などがあります。

ここで紹介した以外にも、ChatGPTを活用したさまざまな拡張機能が公開されているので、自分に合ったものを探してみるとよいでしょう。拡張機能は、「Google Chrome」で⋮→[拡張機能]→[Chromeウェブストアにアクセス]でChromeウェブストアにアクセスして探すことができます。

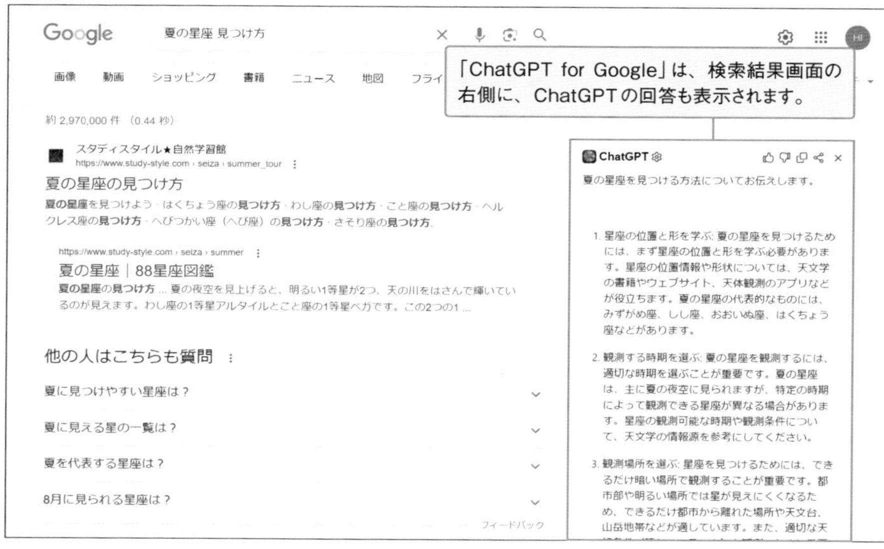

第

章

第10章 AI利用のリスクと注意事項

108 最新の利用規約を確認する

利用規約の重要性

ChatGPTを利用する際には、必ず最新の利用規約を確認しましょう。利用規約の内容は、予告なしに変更されることがあるので、定期的に確認することが求められます。

利用規約は、ユーザーとOpenAIとの間の契約やルールを明確にする重要な文書です。この利用規約に同意することは、ChatGPTの利用に必要な要件でもあります。

利用規約に同意した場合、利用規約に記載された内容で契約が成立することとなり、トラブルなどが発生した場合の処理も利用規約の内容によって判断されることとなります。利用規約はユーザーの権利と責任を定めるものであり、具体的にはサービスの利用方法や禁止事項、ユーザーに関するプライバシーを含む情報の取り扱いに関する規定などが含まれています。利用規約は英文しかない場合も少なくありませんが、重要な文章であるため、翻訳サービスを使うなどして、内容をしっかりと理解しておく必要があります。

なお、利用規約には、サービスの変更や中止に関する情報も含まれることがあります。将来的な変更や中止に備えるためにも、常に最新の利用規約を確認することが重要です。

COLUMN

利用規約の掲載場所を確認する

OpenAIの公式ページ（https://openai.com/）の下部にある［Terms & policies］をクリックすると、各規約が一覧表示され、リンク先で内容を確認できます。P.159で紹介する規約のほかにも、OpenAIが収集する個人情報の内容や利用目的、開示について記した「Privacy policy」なども確認できます。

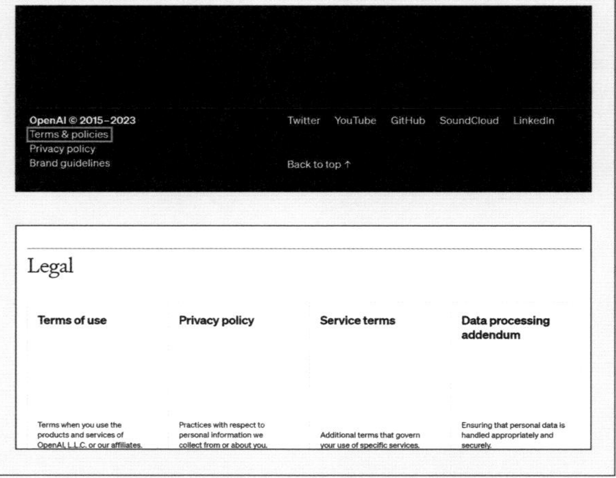

ChatGPTに関する主な利用規約

ChatGPTを利用する際に確認すべき主な利用規約は、以下の4つです(2023年8月時点)。

「Terms of use」(https://openai.com/policies/terms-of-use)

ChatGPTや画像生成AI「DALL-E2」など、OpenAIのサービス全般の利用条件です。この規約は「Registration and Access」(登録とアクセス)、「Usage Requirements」(利用要件)、「Content」(コンテンツ)など9つの項目で構成されており、サービス利用についての基本的要件が記載されています。第1章のP.16〜17、P.20でも解説しています。

「Usage policies」(https://openai.com/policies/usage-policies)

OpenAIのサービス全般でのAIモデルの利用方針に関するガイドラインです。禁止していることや制限をかけていること(P.21参照)が明確に記載されているほか 、APIやプラグインの利用方針などについても記載されています。

「Sharing & publication policy」(https://openai.com/policies/sharing-publication-policy)

OpenAIのサービス全般での共有や公開について、以下のような内容が記載されています(一部抜粋)。

・SNSやライブ配信でのコンテンツを公開する場合、事前に内容を確認する
・コンテンツをユーザー、またはその所属組織の帰属とする
・コンテンツがAIによって生成されたものであることを示す
・規約「Usage policies」に違反するコンテンツや他人を不快にさせる可能性のあるコンテンツは共有しない
・視聴者からのプロンプトリクエストを受け付ける場合は、良識を持って判断する。「Usage policies」に違反するプロンプトは入力しない

「Data Controls FAQ」(https://help.openai.com/en/articles/7730893-data-controls-faq)

こちらは利用規約ではなくFAQですが、ChatGPTのデータ制御(言語モデルに対して指示や情報を与えることで、生成される回答や出力を調整するしくみ)に関して、「チャット履歴をオフ(P.30参照)に設定すると、サイドバーにチャットルームは表示されなくなり、会話の復元はできません。ただし、不正行為監視のため30日間は会話を保存しますが、確認したのち削除します」といった重要な事項が記載されています。

109 著作権を侵害していないか確認する

言語モデルの学習が引き起こす著作権トラブル

言語モデルが著作権で保護されているデータを学習したことで、著作権が侵害された出力コンテンツが生成されてしまう可能性があります(P.17参照)。

たとえばある作家がニュースサイトで連載しているコラムの著作権は、一般的にはその作家やサイト運営会社に帰属します。もし無断でそのコラムの掲載されているWebページが言語モデルに学習された場合、ChatGPTの出力にその一文が含まれる可能性があります。さらにその出力を雑誌やWebサイトに掲載するなどして利用した場合、もとの著作権者とトラブルとなり、信用の低下だけでなく、DMCA申請による検索エンジンからの削除、場合によっては損害賠償を請求される可能性も出てきます。

このようなトラブルが起きないよう、ユーザー側がすべきことをP.161にまとめました。

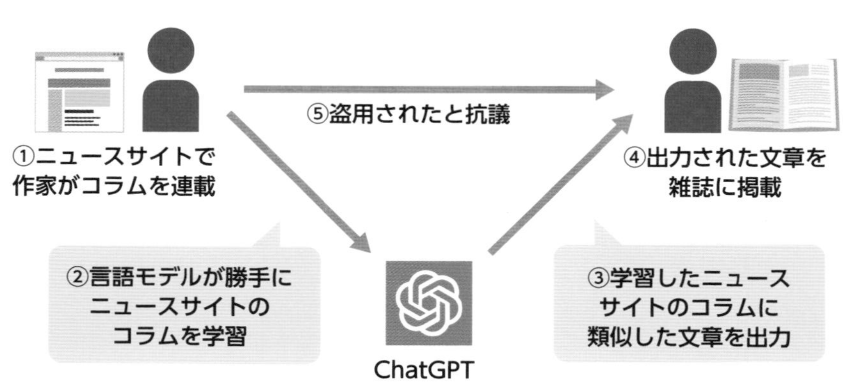

COLUMN

プロンプトにも注意

ChatGPTに入力するプロンプトについても、新聞や雑誌の記事など他人が著作権を有しているものをそのまま入力することは避けるべきです。どうしても入力が必要な場合は、掲載元の利用規約をしっかり確認し、問題がないか確認してから入力しましょう。

著作権を侵害していないか確認する方法例

ChatGPTで出力した文章を、Webサイトや出版物への掲載など利用する場合には、著作権で保護されている文章がそのまま含まれていないか、似た部分がないかを確認しましょう。

一文を検索サイトで検索する

すぐに実施できる確認方法としては、出力された文章の一部をコピーして検索サイトで検索してみる、という方法です。どこかのWebサイトの文章が出力されていた場合、そのサイトが検索にヒットして、確認することができます。

コピーチェックツールを利用する

出力された文章がインターネット上ですでに公開されているかどうかを判断してくれる「コピーチェックツール」の利用もおすすめです。「CopyContentDetector」や「こぴらん」など、無料で利用できるものもありますが、文字数や利用回数の制限があります。頻繁に利用するのであれば、「コピペリン」(https://saku-tools.info/copyperin/) や「chiyo-co」(https://kagemusya.biz-samurai.com/) といった有料によるサービスもあります。利用に制限がなく、使い勝手もよいので検討してみるとよいでしょう。

これらの確認をすることで、著作権を侵害していないかを未然に検知することはできますが、それでも完全な確認が取れるわけではないため、過信するのは禁物です。また、言語モデルはWebサイト以外のテキストデータからも学習していることを認識しておきましょう。

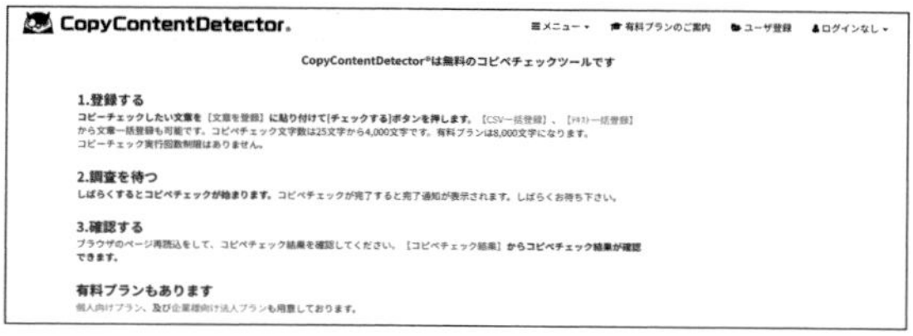

「CopyContentDetector」(https://ccd.cloud/)

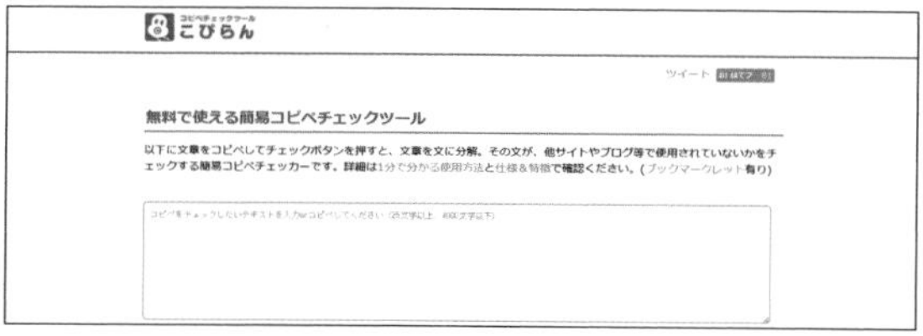

「こぴらん」(https://copyrun.net/)

110 個人情報や機密情報が漏れないようにする

入力したプロンプトは学習に利用される

ChatGPTに入力したプロンプトは、サービスの改善を目的として言語モデルの学習データとして利用される可能性があります（P.16参照）。つまり入力した情報が、ほかのユーザーの回答として出力される可能性がないとはいえないのが現状です。

アメリカのサイバーセキュリティ企業Cyberhavenは、ChatGPTで個人情報や機密情報を入力した場合、以下のようなことが起こり得てしまうとブログ記事で報告しています（https://www.cyberhaven.com/blog/4-2-of-workers-have-pasted-company-data-into-chatgpt/）。

・医師が保険会社への提出書類を作成するため、患者Aさんの名前と詳細な病状を入力した場合、第三者が「Aさんにはどのような医学的問題がある？」というプロンプトを入力すると、ChatGPTは病状について回答してしまう可能性があります。
・企業の幹部が今年の事業戦略文書をプレゼン資料用に箇条書きにしてもらうよう依頼する指示を入力した場合、第三者が「○○社の今年の戦略的優先事項は？」というプロンプトを入力すると、幹部が入力した情報に基づいて回答してしまう可能性があります。

一度入力したプロンプトは、あとからOpenAIにそのデータのみを削除してもらうことはできず、永続的にデータとして活用され続ける可能性があります。プロンプトに個人情報や機密情報を入力することは、避けましょう（P.30参照）。

なお、この記事ではさらに、同社顧客企業の従業員10万人へのChatGPT利用状況の調査結果も報告されています。それによると、2023年の2月26日と比べ、4月9日までのあいだでChatGPTに機密情報を入力した事例数は60.4%増加しました。その具体的な入力内容の内訳は以下になります。

機密情報の入力事例

❶機密内部専用データ	319件
❷ソースコード	278件
❸顧客データ	260件

※件数は調査対象10万人あたりの週の事例数

特殊プロンプトで個人情報が出力された事例

通常、「Aさんのメールアドレスを教えて」と個人情報を出力してもらうプロンプトを入力しても、ChatGPTにはフィルターが設定されており、それがたとえインターネット上に公開されているメールアドレスであっても、「申し訳ありませんが、私は特定の個人の連絡先情報を提供することはできません。」と出力される仕様になっています。万が一、個人情報を入力してしまっても、このフィルターがあることで若干ではありますが安心感はあります。

しかし、ある特殊な手法によるプロンプトを複数回入力することで、（言語モデルが学習した）インターネット上に公開されていたメールアドレスの出力は可能であると、サーバーセキュリティ企業の三井物産セキュアディレクションがブログ記事で報告しています。この記事では、カーネギー·メロン大学が研究目的でインターネット上に公開していたメールアドレスを、ChatGPTで出力されるかを検証したところ、出力されたと報告されています。

出力されたメールアドレスがインターネット上に公開していたものとはいえ、もし過去に誤って公開されてしまったものでも、学習データに使われていたら同様に出力されてしまう可能性が出てきます。

悪意を持ったユーザーがこの手法を利用して個人情報を入手し、スパムや無断公開などで悪用するかもしれません。ユーザーはこのようなリスクを想定し、十分に警戒する必要があります。P.30を参考に学習機能をオフにするなど、対処しておくとよいでしょう。

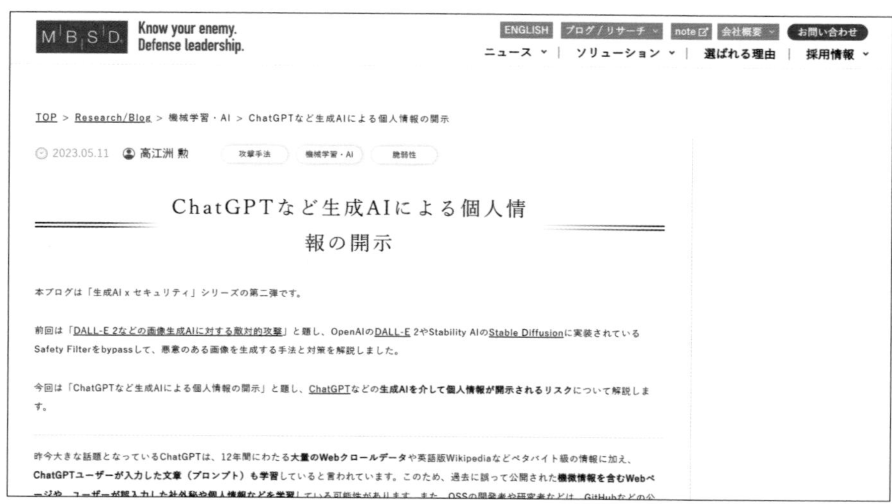

三井物産セキュアディレクション「ChatGPTなど生成AIによる個人情報の開示」
（https://www.mbsd.jp/research/20230511/chatgpt-security/）

111 法的·倫理的な問題に注意する

知らないうちに違法行為を犯さないよう注意する

ChatGPTを利用する際には、法律上の問題がないよう十分注意するようにしましょう。P.160で解説した著作権についてのトラブルでは、著作権が侵害されたと主張する被害者が著作権侵害を根拠に差止請求や損害賠償請求をしてくる可能性もあります。出力コンテンツを利用する際には、他人による著作権が保護されたコンテンツが含まれてないか確認が必要です。

倫理的問題のある文章が出力される可能性を留意する

ChatGPTは入力されたプロンプトに対し、確率的にふさわしいであろう回答を膨大なデータの中から見つけ出して、それらをつなげて出力しています。そのため言語モデル自身が倫理や道徳を判断することはできず、場合によっては倫理観を欠いた表現が出力される可能性があります。

とはいえ、基本的には非倫理的な出力を意図的に引き出せないよう、フィルターで抑制されています。試しに非倫理的なプロンプトを入力してみたところ、「私は人種や国籍に基づいた差別や偏見を支持することはありません。個別の人々や国を一括りにすることは不正確で不公平です。」と出力されました。

私は人種や国籍に基づいた差別や偏見を支持することはありません。個別の人々や国を一括りにすることは不正確で不公平です。

異なる文化や国々は、多様性を反映しており、それぞれに独自の価値観や振る舞いがあります。他の人々や文化に対する理解や尊重を持つことは、世界をより良い場所にするために重要です。

もし異なる国に対して興味を持ち、それについて知りたいことがある場合は、喜んでお手伝いいたします。ただし、偏見や差別的な発言は避け、お互いに尊重し合うことをお願いいたします。

しかし、何らかの要因によって、倫理観を欠く文章が出力されてしまうことがあるかもしれません。そもそも言語モデルが学習する際、膨大なデータの中に、社会的な偏見や差別的な表現を含むデータが含まれてしまっている可能性は十分にあります。そういったデータで学習した結果、人種、性別、宗教、性的指向などの個人や特定のグループに対する差別や偏見が出力に反映されてしまう可能性が出てきます。何気ないありふれたやり取りの中に、潜在的にそういった差別的な、ステレオタイプな言葉が使用されたり、倫理的に偏った見解を出力したりしていることがあるかもしれません。

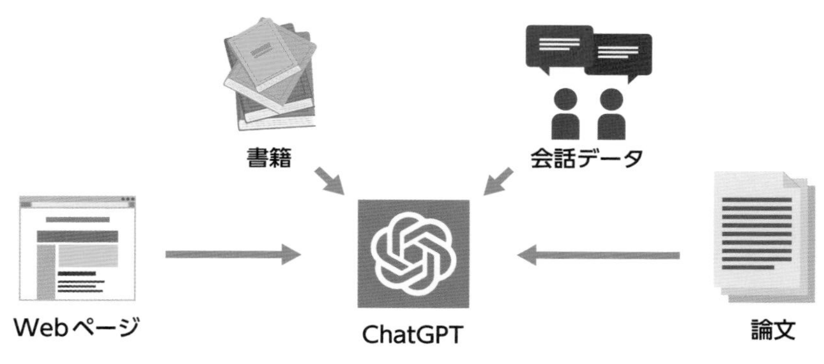

そのような出力をそのまま公開した場合、炎上事案となり社会的信用の失墜につながってしまいます。そうならないようにするためにも、以下の対策を行うことが重要です。

はっきりとしたプロンプトを入力する

質問や指示の内容が曖昧だったり、意図している内容のほかにも受け取ることができてしまうようなプロンプトは入力しないようにしましょう。意図は明確に、詳細な条件があればそれを伝えるようにします。回答に制限を設けてもよいかもしれません。

出力内容をチェックする

生成された出力を単純に受け入れるのではなく、自分の目でしっかりチェックし、また、情報源やそれに関連した情報を確認して精査しましょう。複数の視点を考慮することで、バイアスや偏見による影響は軽減できます。

112

ChatGPTが作った文章なのかをチェックしてもらう

AI文章判定サービス「GPTZero」

ChatGPTでの文章生成は便利ではありますが、生成した文章をビジネスで利用する場合、事実誤認やほかの文章との類似、著作権侵害の可能性といったリスクをはらんでいるのも事実です。できるだけChatGPTによる生成文章の利用を避けたいシーンにおいて、その文章がChatGPTが書いたものか、人間が書いたものかを判断するには、専用のWebサービスを利用するのが便利です。

AI文章判定サービスに「GPTZero」があります。このWebサービスはアメリカ・プリンストン大学の学生エドワード・ティアン氏が独自のLLM（大規模言語モデル）を用いて、AIと人間が作成した文章の両方のデータを学習させて開発しました。2023年8月現在、無料で利用できる「GPTZero Classic」、月額9.99ドルの「GPTZero Educator」、月額19.99ドルの「GPTZero Pro」の3プランあります。無料版は文字数やアップロードできるファイル数などの制限がありますが、少し試してみるには問題なく利用できるでしょう。

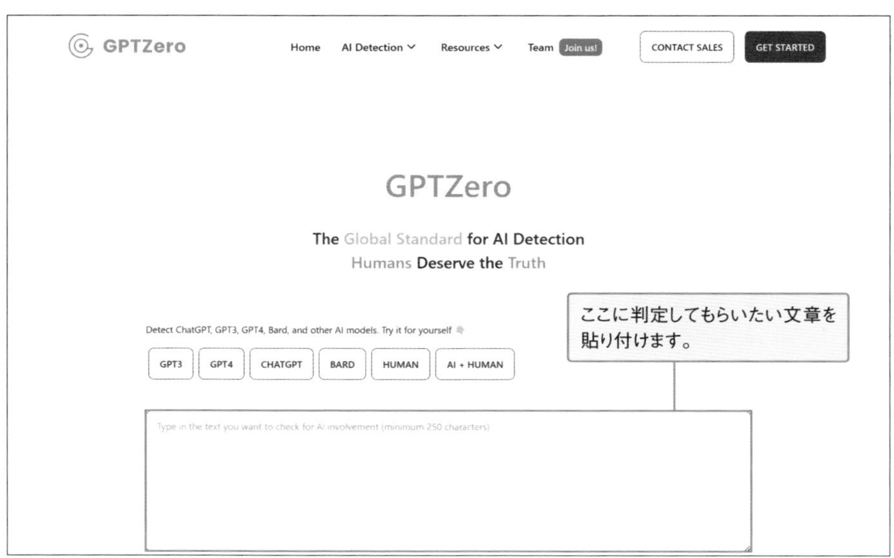

「GPTZero」(https://gptzero.me/)

GPTZeroを利用する

「GPTZero」の使い方はかんたんです。画面中央にある入力フォーム（P.166参照）に、AIが作成したかどうかをチェックしたい文章を貼り付けます。無料版では5,000文字までの文章の確認ができます。なお、文字数が少ないと判断がしにくく精度が下がるため、250文字以上の文章を貼り付けるよう制限されています。「I agree to the terms of service」のチェックボックスをオンにし、［GET RESULTS］をクリックすると判定が開始され、入力フォームの下に結果が表示されます。なお、文章の判定は入力フォームへの貼り付けのほか、［ファイルを選択］をクリックしてPDFやWordファイル、テキストファイルなどをアップロードすることでもできます（無料版では3ファイルまで）。

試しにChatGPTで生成した文章を判定してもらったところ、「Your text may include parts written by AI」（テキストには、AIによって書かれた部分が含まれている場合があります）との判定が表示されました。また、AIによって書かれた可能性が高い部分には、黄色のマーカーで強調表示がされました。同サービスもChatGPTと同様に過信せずに、あくまでも目安として利用しましょう。

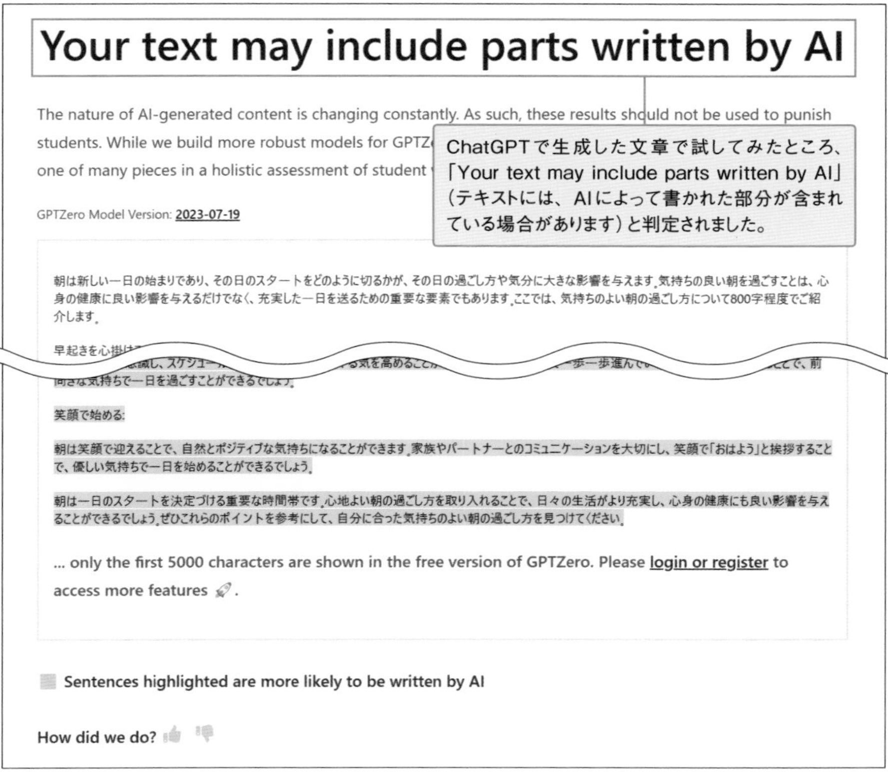

Your text may include parts written by AI
The nature of AI-generated content is changing constantly. As such, these results should not be used to punish
students. While we build more robust models for GPTZ
one of many pieces in a holistic assessment of student
GPTZero Model Version: 2023-07-19
ChatGPTで生成した文章で試してみたところ、「Your text may include parts written by AI」（テキストには、AIによって書かれた部分が含まれている場合があります）と判定されました。
朝は新しい一日の始まりであり、その日のスタートをどのように切るかが、その日の過ごし方や気分に大きな影響を与えます。気持ちの良い朝を過ごすことは、心身の健康に良い影響を与えるだけでなく、充実した一日を送るための重要な要素でもあります。ここでは、気持ちのよい朝の過ごし方について800字程度でご紹介します。
笑顔で始める:
朝は笑顔で迎えることで、自然とポジティブな気持ちになることができます。家族やパートナーとのコミュニケーションを大切にし、笑顔で「おはよう」と挨拶することで、優しい気持ちで一日を始めることができるでしょう。
朝は一日のスタートを決定づける重要な時間帯です。心地よい朝の過ごし方を取り入れることで、日々の生活がより充実し、心身の健康にも良い影響を与えることができるでしょう。ぜひこれらのポイントを参考にして、自分に合った気持ちのよい朝の過ごし方を見つけてください。
... only the first 5000 characters are shown in the free version of GPTZero. Please login or register to access more features.
Sentences highlighted are more likely to be written by AI
How did we do?

113 ChatGPTに頼り過ぎないようにする

依存すると思考力や創造力が低下することも

本書では、ChatGPTをビジネス活用することで業務効率を上げられるとして、ビジネス文書の作成（第3章）や編集（第4章）、アイデア出し（第5章）、マーケティングでの応用（第6章）、Excel（第7章）やプログラミングでの活用（第8章）について解説しました。しかし、過度に頼り過ぎてしまうのはよくありません。ChatGPTに依存することで生じる影響として、思考力や創造力の低下が懸念されます。

思考力の低下

ビジネス上、重要な意思決定や問題解決を行う際、自分自身で情報を収集して分析することなく、ChatGPTに提案や回答をすぐに求める傾向が強くなってしまいます。その結果、自身の思考力が低下してしまい、合わせて判断力や分析力、洞察力も欠くようになるかもしれません。

創造力の低下

思考力の低下だけでなく、創造力の低下も懸念されます。創造力は、いままでの発想にとらわれることなく、独自のアイデアで何か新しいものを生み出すという能力です。しかし、ChatGPTに頼り過ぎてしまうことで、これが鈍ってしまう可能性があります。たとえばマーケティングチームがすべてのマーケティング戦略をChatGPTに生成させ、人間による洞察や創造性を排除してしまった場合、競合他社との差別化や新たな市場の開拓につながる独自の戦略が弱くなってしてしまいます。また、プロダクト開発チームが新商品のアイデアをChatGPTに委ねてばかりいると、創造性や顧客のニーズを探求する能力が衰え、結果として、市場での革新的な商品開発ができなくなってしまい、競争力の低下につながる可能性があります。

このように思考力や創造力が低下しないよう、バランスを保ちながら、人間とChatGPTとの相乗効果を活かすことが重要です。ChatGPTから提供される情報やアイデアを活用しながらも、自身の思考力や創造力を磨く努力は怠らないようにしましょう。

出力された内容をファクトチェックする

ChatGPTに頼り過ぎることで、情報の信頼性や偏りといった問題が生じがちです。出力された文章が本当に正しい内容なのかどうか、とくに疑わしい情報や驚くべき主張については、ファクトチェック（事実確認）を行うことが重要です。インターネット、新聞、書籍など、異なる複数の情報源から網羅的に情報を収集して、出力された内容が間違いないかどうかを自分の目で正確性や真偽を確認します。

また、ChatGPTから主張や結論が出力された場合、それを受け入れる前に、まず根拠や裏付けを確認するようにしましょう。ChatGPTがどのようなデータや情報からその主張や結論を導いたのかを理解、確認することで、その信頼性は評価できます。必要に応じて、ChatGPTに追加の情報を求めることもおすすめです。

情報は常に進化しており、古い情報は新しい情報へと置き換えられます。ChatGPTが蓄積している情報は2021年9月までのため、提供された情報が古いものでないかどうかも確認しましょう。

タスクの一部を補助するツールとして利用する

すべてをChatGPTに頼るのではなく、人間が得意とする部分は人間が行い、苦手なことはChatGPTにやってもらう、またはその反対にChatGPTが得意とすることはChatGPTにやってもらい、苦手な部分は人間がそれを補う、といった役割分担ができると理想的かもしれません。

ChatGPTには、学習した膨大なデータを迅速に処理して生成する能力を持っています。人間が作業すると何時間もかかるタスクを、ChatGPTは瞬時にこなすことが可能です。それに対して人間は、思考力や創造力などの能力、知識、経験、感情、倫理観などを持ち、それらを活用したタスクの処理が行えます。それぞれが得意とする部分をこなすことで、業務が大幅にはかどることが期待できます。

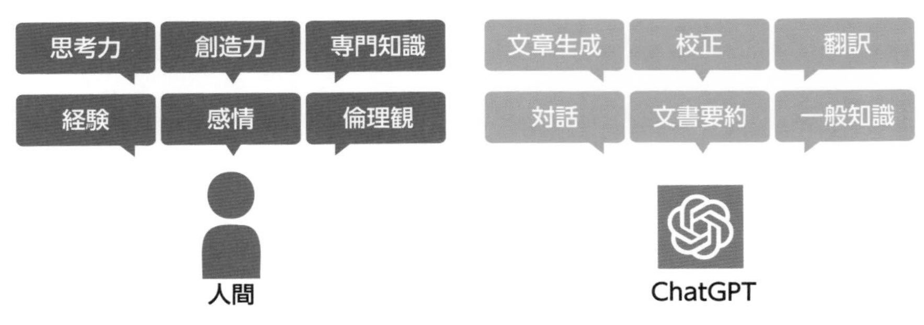

114 社内での利用ルールを決める

社内で利用範囲を取り決めておく

企業でもChatGPTをはじめとした生成AIを導入し、業務効率化を図ろうという動きが見られるようになっています。しかし、前述したように、ChatGPTの利用には注意すべき点がいくつも存在します。さらに、企業でChatGPTを利用する場合は、倫理的な問題や法的な問題が起きてしまうと、自らだけではなく企業の信頼を低下させる危険性もはらんでいます。こうした問題を予防するためには、ChatGPTを業務で使う場合の利用範囲を定めたルールを定め、社員ひとりひとりに周知させることが重要です。

一般社団法人日本ディープラーニング協会では、生成AIの活用を考える組織がスムーズに導入を進められるように、生成AIの利用ガイドラインのひな形を策定し、公開しています。

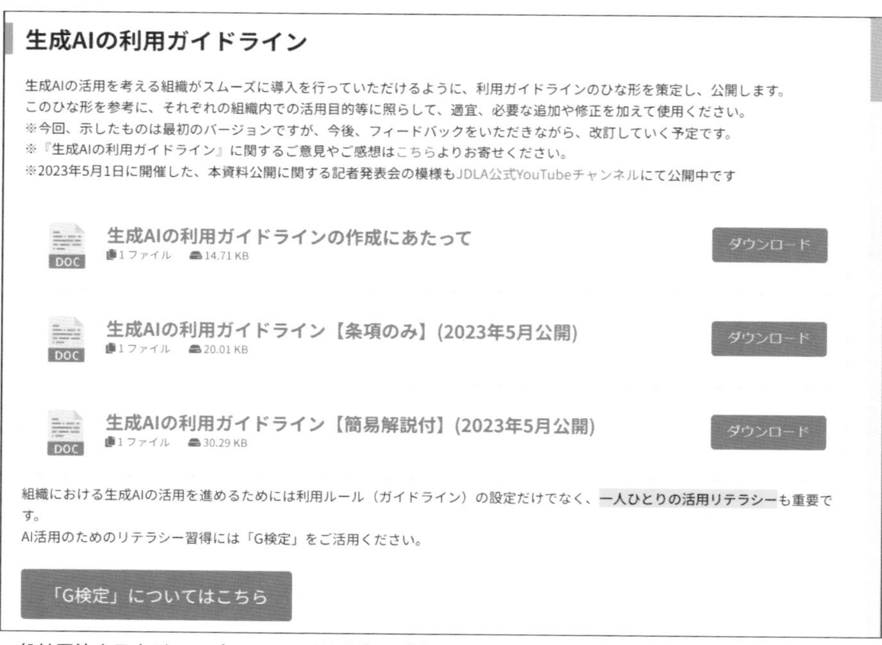

一般社団法人日本ディープラーニング協会【公式】「資料室」
(https://www.jdla.org/document/#ai-guideline)

この生成AIの利用ガイドラインのひな形では、以下の内容などを策定することを推奨しています。

- 生成AIの利用が禁止される用途
- データ入力に際して注意すべき事項
  - (1)　第三者が著作権を有しているデータ（他人が作成した文章等）
  - (2)　登録商標・意匠（ロゴやデザイン）
  - (3)　著名人の顔写真や氏名
  - (4)　個人情報
  - (5)　他社から秘密保持義務を課されて開示された秘密情報
  - (6)　自組織の機密情報
- 生成物を利用するに際して注意すべき事項
  - (1) 生成物の内容に虚偽が含まれている可能性がある
  - (2) 生成物を利用する行為が誰かの既存の権利を侵害する可能性がある
    - ①　著作権侵害
    - ②　商標権·意匠権侵害
    - ③　虚偽の個人情報·名誉毀損等
  - (3) 生成物について著作権が発生しない可能性がある
  - (4) 生成物を商用利用できない可能性がある
  - (5) 生成AIのポリシー上の制限に注意する

主としてChatGPTを利用する場合を想定した内容でひな形が作られているため、利用する生成AIの内容や企業の性質、業務内容などによって加筆修正することが求められていますが、一部を変更するだけでかんたんに独自ガイドラインが作れるようになっています。この生成AIの利用ガイドラインのひな形などを参考に、社内での利用ルールを決め、利用範囲内でのChatGPT活用を進めましょう。

115 安全に利用するための実例を見てみる

活用している企業や官公庁などの例

ChatGPTは、すでにさまざまな組織で導入が進められています。ここでは、その一部の事例を紹介します。

ベネッセホールディングス

ベネッセホールディングスでは、Microsoft Azure上のAzure OpenAI Serviceを活用したChatGPTベースのAIチャット「Benesse GPT」を開発し、グループ社員1.5万人に向けて提供しています。外部に情報が漏えいしない仕様になっており、セキュリティ面に配慮した状態で、AIチャットサービスを活用した業務生産性向上と新商品サービスの検討を積極化できる環境を構築しました。

パナソニックホールディングス

パナソニックホールディングスでは、傘下のパナソニックコネクトで活用されているChatGPTベースのAIアシスタントサービス「ConnectGPT」をベースに「PX-GPT」を開発し、パナソニックグループの国内全社員約9万人に向けて展開しています。入力した情報の二次利用や第三者提供がされない仕様で、入力した情報は一定期間を過ぎたら消去するなど、セキュリティ面にも配慮しています。

大和証券

大和証券では、Azure OpenAI Serviceを利用した、情報が外部に漏れないセキュアな環境を構築し、全社員約9,000人を対象にChatGPTを導入しています。英語などでの情報収集のサポートや、資料作成の外部委託にかかる時間短縮などが期待されます。

Zaim

個人向け家計簿サービス「Zaim」を運営するZaimは、全社員に対し、ChatGPT PlusおよびAPIの利用料金を会社負担とする福利厚生制度を開始しています。制度をはじめるにあたり、ChatGPT で入力を許可するデータの区分を明確にした「利用ガイドライン」を策定し、社員向けにAI 利用にあたっての不明点を確認できる相談窓口も開設して、安全な活用を推進しています。

立命館大学

立命館大学では、ChatGPTと機械翻訳を組み合わせた英語学習ツール「TRANSABLE」を、生命科学部·薬学部で展開する「プロジェクト発信型英語プログラム（PEP）」の英語授業の一部で試験導入しています。この試験導入は、2023年9月30日までとしています。

TRANSABLE：AIを活用した英語学習ツール
（https://transable.net/）

横須賀商工会議所

横須賀商工会議所では、会員事業所向けに、お店のキャッチコピーや紹介文をChatGPTが作成してくれる「ジェネレーティブAI for ヨコスカイチバン」を提供しています。

官公庁

2023年5月8日のデジタル社会推進会議幹事会で決定された「ChatGPT等の生成AIの業務利用に関する申合せ」では、ChatGPTなどの生成AIを業務利用する際は、原則として要機密情報を取り扱うことはできないこと、また、要機密情報を取り扱わない場合であっても、利用にあたっては、組織の規程に則り承認を得る手続きが必要であることを職員などに対して周知するとし、関係省庁が連携して生成AIに関する実態の把握に努め、適切な措置を講じていくとしています。

農林水産省では、ChatGPTを補助金申請のマニュアルなどの改訂や修正などに活用すると発表していましたが、関係省庁と足並みをそろえて準備を進めているということです。また、文部科学省 初等中等教育局からは、2023年7月4日に「初等中等教育段階における生成AIの利用に関する暫定的なガイドライン」が発表されています。

そのほかにも、東京都や神奈川県横須賀市、長野県飯島町などでChatGPTの業務への導入や試験導入が検討されています。

索引

数字・アルファベット

ア行

カ行

お問い合わせについて

本書に関するご質問については、本書に記載されている内容に関するもののみとさせていただきます。本書の内容と関係のないご質問につきましては、一切お答えできませんので、あらかじめご了承ください。また、電話でのご質問は受け付けておりませんので、必ずFAXか書面にて下記までお送りください。なお、ご質問の際には、必ず以下の項目を明記していただきますよう、お願いいたします。

① お名前
② 返信先の住所またはFAX番号
③ 書名(今すぐ使えるかんたんbiz　ChatGPT　ビジネス活用大全)
④ 本書の該当ページ
⑤ ご使用のOS
⑥ ご質問内容

なお、お送りいただいたご質問には、できる限り迅速にお答えできるよう努力いたしておりますが、場合によってはお答えするまでに時間がかかることがあります。また、回答の期日をご指定なさっても、ご希望にお応えできるとは限りません。あらかじめご了承くださいますよう、お願いいたします。

問い合わせ先

〒162-0846
東京都新宿区市谷左内町21-13
株式会社技術評論社　書籍編集部
「今すぐ使えるかんたんbiz　ChatGPT　ビジネス活用大全」質問係
FAX番号 03-3513-6167　URL:https://book.gihyo.jp/116

※ご質問の際にいただきました個人情報は、回答後速やかに破棄させていただきます。

監修（第1章・第10章）

STORIA法律事務所
(弁護士法人STORIA)

2015年設立。弁護士数8名、神戸と東京に事務所を設置（2023年8月現在）。AI・データ法務を中心に取り扱う。生成AIをめぐる法務・知財戦略をサポートしており、企業や自治体における生成AI利用ガイドラインの策定にも関与している。

今すぐ使えるかんたんbiz
ChatGPT　ビジネス活用大全

2023年9月8日　初版　第1刷発行

著者…………………………リンクアップ
監修…………………………STORIA法律事務所
発行者………………………片岡　巌
発行所………………………株式会社 技術評論社
東京都新宿区市谷左内町21-13
電話　03-3513-6150　販売促進部
03-3513-6160　書籍編集部
カバーデザイン……………小口　翔平＋畑中　茜（tobufune）
本文デザイン………………今住　真由美（ライラック）
編集・DTP・本文図版 …リンクアップ
担当…………………………田中　秀春
製本・印刷…………………日経印刷株式会社

定価はカバーに表示してあります。

落丁・乱丁がございましたら、弊社販売促進部までお送りください。交換いたします。

ISBN978-4-297-13677-2 C3055
Printed in Japan